普通高等教育机电类系列教材

3D 打印技术基础教程

于彦东　编著

机 械 工 业 出 版 社

作为"第三次工业革命重要生产工具"的 3D 打印技术在制造工艺方面的独特创新，使其不仅在航空航天、逆向设计等领域得到了发展，而且在医疗、艺术创新及教育领域也得到了推广。本书主要围绕 3D 打印理论知识、3D 打印主流软件和动手实践案例等内容进行介绍，首先介绍了 3D 打印技术理论、3D 打印机及 3D 打印专属名词与建模要求等基础知识；其次针对主流 3D 打印与逆向工程技术软件进行讲解，内容涵盖了三维造型软件（Creo、3D Studio Max）、3D 打印软件（Simplify3D、Makerware、Cura）、STL 数据编辑与修复软件（Netfabb、Meshmixer、Magics）及逆向工程软件（Geomagic Studio）；最后采用案例方式进行应用知识讲解，主要包括艺术模型、浮雕 3D 照片及人体脊椎重建。此外，附录部分介绍了 3D 打印机的组装，重在培养读者的动手操作与团队协作能力。

本书可作为创新实践教程使用，也可作为大中专院校师生、科研工作者及 3D 打印爱好者的参考书。

图书在版编目（CIP）数据

3D 打印技术基础教程／于彦东编著 . —北京：机械工业出版社，2017. 10
（2023. 12 重印）

普通高等教育机电类系列教材

ISBN 978-7-111-58137-6

Ⅰ. ①3… Ⅱ. ①于… Ⅲ. ①立体印刷—印刷术—高等学校—教材

Ⅳ. ①TS853

中国版本图书馆 CIP 数据核字（2017）第 241211 号

机械工业出版社（北京市百万庄大街 22 号 邮政编码 100037）

策划编辑：路乙达 责任编辑：路乙达 范成欣 商红云

责任校对：佟瑞鑫 封面设计：张 静

责任印制：单爱军

北京虎彩文化传播有限公司印刷

2023 年 12 月第 1 版第 10 次印刷

184mm×260mm · 13. 75 印张 · 337 千字

标准书号：ISBN 978-7-111-58137-6

定价：35. 00 元

电话服务 网络服务

客服电话：010 - 88361066 机 工 官 网：www.cmpbook.com

010 - 88379833 机 工 官 博：weibo. com/cmp1952

010 - 68326294 金 书 网：www. golden-book. com

封底无防伪标均为盗版 机工教育服务网：www.cmpedu.com

前　言

　　3D 打印（3D Printing，三维打印）技术是快速成型技术（Rapid Prototyping，RP）的一种，学术上又称增材制造。它的基本原理是以数字化模型为基础，运用粉末状金属或塑料等可粘合材料，通过增加材料逐层打印的方式构造物体。3D 打印技术不仅在汽车、航空航天、工业设计等工业生产领域得到了发展，而且在珠宝、教育和医疗等领域同样得到了推广。正是 3D 打印技术在制造工艺方面的独特创新，吸引了国内外新闻媒体和社会公众的热切关注，被评定为"第三次工业革命最具标志性的生产工具"之一。

　　目前，国内关于 3D 打印方面的著作并不多，仅有的著作大多从 3D 打印理论知识解读、应用领域介绍和 3D 打印对未来生活的影响等方面进行探讨，读者只能在理论层面感受 3D 打印的"高大上"，却不能够真正地"接地气"而应用于实践。本书是一本以创新实践为写作思想、3D 打印软件应用技术为主线、动手操作与理论结合为切入点的论著。编者通过实例对软件的使用方法和操作过程进行了详尽阐述，同时对 3D 打印过程中的问题予以了解析，目的是让读者做到理论与实践结合、思考与创新并举，重在学以致用。本书具有如下特点：

- 本书内容涵盖面广，知识新颖丰富。本书涉及最新 3D 打印技术软件，包括主流 3D 打印软件（Simplify3D、Makerware、Cura）、3D 建模软件（Creo 、3D Studio Max）、STL 数据编辑与修复软件（Meshmixer、Magics、Netfabb）、逆向工程软件（Geomagic Studio）和医学影像处理软件（Mimics）等。本书以 3D 打印为出发点，结合机械设计、艺术创新、逆向工程及医学应用等典型软件进行实例讲解。
- 软件贴近实用，实例驱动。书中软件技术结合实例编写，着重强调内容的实用性，不脱离实际；讲解内容由编者实际操作完成，读者在掌握书中内容的同时，能够做到举一反三，灵活运用。
- 内容通俗易懂，言必有物 。本书包含理论知识、软件应用技术与技巧分享 3 部分内容，在详细文字讲解的基础上配有形象的图片进行辅助说明，使得文章通俗易懂。
- 章节明确，结构清晰。章节布局遵循了读者的学习规律，从理论知识学习到软件技术操作，再到动手实践。

　　本书首先介绍了 3D 打印的基础知识，让读者在理论层面熟悉 3D 打印；其次讲解了热门软件应用实例与打印操作，使读者对 3D 打印产生浓厚兴趣；最后附录中组装 3D 打印机的内容意在驱动读者动手实践。本书共分为 9 章，第 1 章主要介绍了 3D 打印理论知识、应用领域及市场发展前景；第 2 章介绍了 3D 打印机与打印材料，包括桌面级 3D 打印机和工业级 3D 打印机以及打印材料；第 3 章围绕专属名词含义和三维建模注意事项进行了介绍；第 4 章对 3D 打印主流软件进行讲解，以"3D 建模软件—STL 模型处理软件—3D 打印切片软件"流程进行结构分配；第 5 章从逆向工程技术出发，主要介绍了逆向工程软件 Geomagic Studio 及笔筒逆向实例操作；第 6 章主要以艺术模型为切入点，内容由双色模型与镂空模型的设计与打印组成；第 7 章详细讲解了透光浮雕 3D 照片与灯罩的制作过程，应用软件包括 Cura、Photoshop CC 和 3D Studio Max；第 8 章主要涉及医学影像处理软件 Mimics，并配有"人体脊椎 DICOM 图像"模型重建实例；第 9 章对 3D 打印问题与打印技巧进行详解，目的是保护设备、提高打印成功率、降低成本。附录为 JoysMaker-R2 3D 打印机组装实战，分别对框架、X-Y-Z 电动机、X-Y 轴、挤出机、Z 轴平台、送料机及电子器件的组装步骤进行了讲解。

本书可作为创新实践教程使用，也可作为大中专院校师生、科研工作者及 3D 打印爱好者的参考书。由于作者水平有限，书中难免存在不足之处，望读者批评指正。

编　著　者

目　录

前　言

第1章　3D打印技术概述 ………………………………………………………… 1

1.1　3D打印技术的发展 …………………………………………………… 2

1.2　什么是3D打印 ………………………………………………………… 4

1.3　3D打印的应用领域 …………………………………………………… 10

1.4　3D打印创新设计 ……………………………………………………… 17

1.5　3D打印的市场前景 …………………………………………………… 21

1.6　习题 ……………………………………………………………………… 23

第2章　3D打印机与打印材料 …………………………………………………… 24

2.1　桌面级3D打印机 ……………………………………………………… 24

2.2　工业级3D打印机 ……………………………………………………… 29

2.3　桌面级3D打印机的主要部件 ………………………………………… 30

2.4　打印材料 ………………………………………………………………… 35

2.5　习题 ……………………………………………………………………… 41

第3章　3D打印专属名词与建模要求 …………………………………………… 42

3.1　3D打印专属名词 ……………………………………………………… 42

3.2　3D打印对模型的要求 ………………………………………………… 45

3.3　模型设计技巧 …………………………………………………………… 48

3.4　习题 ……………………………………………………………………… 48

第4章　主流3D打印软件 ………………………………………………………… 49

4.1　3D模型设计软件 ……………………………………………………… 49

4.2　STL数据编辑与修复软件 …………………………………………… 69

4.3　3D打印切片软件 ……………………………………………………… 75

4.4　习题 ……………………………………………………………………… 96

第5章　逆向工程技术及软件 …………………………………………………… 97

5.1　逆向工程技术 …………………………………………………………… 97

5.2　逆向工程软件Geomagic Studio ……………………………………… 103

5.3　Geomagic Studio逆向建模操作实例 ………………………………… 115

5.4　习题 ……………………………………………………………………… 126

第6章　3D打印技术创作艺术模型 …………………………………………… 127

6.1　双色模型 ………………………………………………………………… 127

6.2　镂空模型 ··· 136

6.3　习题 ··· 147

第 7 章　制作透光浮雕 3D 照片 ······································· 148

7.1　使用 Cura 软件制作浮雕照片 ····································· 148

7.2　基于 Photoshop CC 创建浮雕照片 ································· 152

7.3　3D Studio Max 制作浮雕照片 ····································· 156

7.4　3D Studio Max 制作浮雕灯罩 ····································· 162

7.5　浮雕照片效果的影响因素 ··· 164

7.6　习题 ··· 165

第 8 章　人体脊椎重建模型 ··· 166

8.1　医学影像处理软件 Mimics ··· 166

8.2　人体脊椎重建实例 ··· 173

8.3　习题 ··· 183

第 9 章　3D 打印问题解析与打印技巧 ··································· 184

9.1　3D 打印问题解析 ··· 184

9.2　3D 打印技巧 ··· 190

9.3　习题 ··· 193

附录　3D 打印机套件组装 ··· 194

参考文献 ··· 211

第 1 章

3D 打印技术概述

近年来，3D 打印已经成为热议的话题，各大媒体对其报道屡见不鲜。2013 年 4 月英国《经济学人》刊文认为，传统制造技术是"减材制造技术"，而 3D 打印则是"增材制造技术"，被誉为"第三次工业革命最具标志性的生产工具"之一。2014 年 12 月，德国总理默克尔在"汉诺威工业博览会"上说过，工业 4.0 意味着未来的智能工厂将能够自行运转，零件与机器可以进行交流。智能工厂是"工业 4.0"的目标，而现实中最接近这个目标的就属"3D 打印"了。2015 年 8 月 21 日，李克强总理指出，"3D 打印是制造业有代表性的颠覆性技术，实现了制造从等材、减材到增材的重大转变，改变了传统制造的理念和模式，具有重大价值。促进中国制造上水平，既要在改造传统制造上"补课"，同时还要瞄准世界产业技术发展前沿，加快 3D 打印、高档数控机床、工业机器人等新技术新装备的运用和制造，以个性化定制对接海量用户，以智能制造满足更广阔市场需求，以绿色生产赢得可持续发展未来，使中国装备价格优势叠加性能、质量优势，为国际产能合作拓展更大空间，在优进优出中实现中国制造水平跃升。"

据悉，第一台 3D 打印机诞生于 1986 年，虽然 3D 打印技术已经发展了 30 多年，但最近几年，这个神奇的"家伙"才不断在各个领域绽放出自己的光彩，出现在大众的视野里。图 1-1 所示为 3D 打印技术的应用，包括 3D 打印的汽车、3D 打印的人体器官、3D 打印的食

图 1-1　3D 打印技术的应用（图片来源：3D 打印网、中国百科网、中国新闻网）

物及 3D 打印的时尚服装等。

1.1　3D 打印技术的发展

面对当今世界激烈的竞争环境，市场对于产品的设计开发、质量精度、结构复杂性、制造成本及时间都有越来越高的要求，因此以计算机技术为核心的新型设计观念和制造观念日趋发展成熟。2012 年，英国《经济学人》杂志曾发表《第三次工业革命》一文，并提出全球工业正在经历第三次工业革命，作为一项可能使全球制造业面目一新的新兴技术和第三次工业革命的重要标志之一。3D 打印技术的迅速发展已经引起全球范围内各行各业的广泛关注。

3D 打印技术的起源可以追溯到 20 世纪 80 年代出现的快速成型技术（Rapid Prototy-ping）。该技术采用逐层累加式的加工原理，通过建模软件构造产品的三维模型，经 3D 打印设备进行产品的直接加工制造，从而可以评估产品的可成型性与成型质量，并对三维模型进行修改与再设计，提高了产品的开发效率和成型质量，降低了新产品的研发成本和新产品的研发失败率。

近些年，3D 打印技术得到了迅速的发展，尽管在打印材料、打印精度、打印速度、支撑的去除等方面仍有待完善，但是面对这种可能深刻变革传统的生产制造模式的新兴技术，以及世界各国对此技术的投入研发，3D 打印技术的未来发展及应用市场拥有相当巨大的潜力，有望在建筑、食品、工业、医学、艺术、军事、教育、珠宝、考古等领域得到广泛应用。

1.1.1　国内外 3D 打印技术的发展

3D 打印技术，正如这种新兴的成型技术本身的特点一样"年轻且具有活力"。历史上的第一台商用 3D 打印机诞生于 1986 年，直到 1991 年美国麻省理工学院申报了关于三维打印的相关专利后，3D 打印这项技术才被真正确定下来。

1992 年，美国 DTM 公司研发成功激光选区烧结设备，3D 打印技术进入金属产品的成型阶段。2005 年，由 Z Corporation 公司研发的世界首个高清晰彩色 3D 打印机成功问世。2010 年，世界上第一辆完全依靠 3D 打印机成型的汽车 Urbee 诞生。2011 年，全球首款 3D 巧克力打印机由英国研究人员成功研制。2012 年，苏格兰科学家实现了利用人体细胞进行人造肝脏组织的打印。

经过 30 多年的发展历程，3D 打印技术已经在欧美发达国家形成了较为成熟的商用模式，核心权威的 3D 打印设备与技术依旧被欧美等发达国家垄断，可使用的成型材料种类非常丰富。

3D Systems 和 Stratasys 这两家公司拥有较先进的打印设备和技术实力。其中，3D Systems 公司是全球 3D 打印领域的龙头企业，其公司生产的成型设备已经可以对 120 多种不同的材料进行打印。目前，世界上最先进的 3D 打印技术已经可以实现单层厚度为 0.01mm 的超精细分辨率（600dpi），并支持 24 位色彩的彩色打印。

根据美国 Wohlers Associates 公司近几年发布的全球 3D 打印行业年度报告显示，拥有 3D 打印设备最多的国家是美国、日本、德国和中国。其中中国的 3D 打印设备占有率不足 10%，中国生产的 3D 设备仅占全球份额的 3.6%。在众多的 3D 打印领域中，金属 3D 打印与桌面级 3D 打印机的发展是最稳定、最快的，3D 打印技术在航空航天和医学领域的应用增

速最快。

美国在全球的 3D 打印领域处于领先地位，也是这项技术得到迅速发展的重要推动者，同时美国政府在国家层面上建立了战略规划，重视对 3D 打印技术的大力研发。美国前总统奥巴马曾公开演讲强调 3D 打印技术的重要性，投入大量资金建立国家级别的 3D 打印研究中心，发展改革传统制造业，增加就业人数，拓展 3D 打印技术在各领域的应用。

面对竞争激烈的国际环境，对我国而言，发展 3D 打印技术可以突破传统的生产制造方法，提高产品的设计能力，从而可以生产复杂的个性化产品，可以促进技术发展、行业发展、经济发展，带动就业。作为第三次工业革命的重要标志，3D 技术的迅速发展也吸引了我国政府和我国高校企业的重视。

我国政府通过一系列的政策战略，投入大量的资金，提供良好的机遇与环境促进了 3D 打印技术在国内的发展。2013 年，3D 打印技术被列入国家 863 计划中的核心关键技术。2015 年发布的《国家增材制造产业发展推进计划》中更是将 3D 打印提升到国家战略层面。国内高校和企业也对 3D 打印技术表现出了极大的热情，建立了许多 3D 打印实验室，很多技术与成果也陆续实现了产业化。

3D 打印技术是一场革命性的技术，吸引着世界各国的眼光，因此对于我国来说，发展这项技术也是刻不容缓。国内的 3D 打印技术始于 20 世纪 90 年代，经过 10 多年的探索和发展，国内的许多高校和企业在 3D 打印技术领域也已取得不俗的成绩。清华大学、华中科技大学、西安交通大学、北京航空航天大学、中国科技大学等国内高校以及北京殷华、深圳维示泰克、江苏敦超等企业致力于我国 3D 打印技术的发展与研发，我国已经成为世界上第三个可以生产 3D 打印设备的国家，部分技术已经处于世界水平。其中，北京航空航天大学研发出的飞机钛合金整体激光成型件，荣获 2012 年国家科技发明一等奖，更是国际上 3D 打印领域的重大突破。但相比技术领先的发达国家而言，仍有许多的技术难题需要攻克。国产 3D 打印机的性能在打印精度、打印速度、打印尺寸、打印材料、配套处理软件研发等方面普遍处理较为低端，无法满足产品的成型要求，致使 3D 打印产品不能真正得到应用。

1.1.2　3D 打印技术的成型优势

相对于传统制造业，3D 打印技术具有许多独特的优势。

1）制造范围广。理论上，只要是计算机可以设计出来的模型，采用 3D 打印技术就可以制造，即任何结构、任何材料均可以制造。

2）制作周期短。去除了传统制造工艺中工装夹具的设计制造、毛坯的准备、零件加工装配等工序，尤其是对复杂造型的加工，其技术优势更加突出。此外，3D 打印可以实现零部件一体化成型，节省了组装时间，效率更高。

3）精确的实体复制。3D 打印基于同一模型上进行制造，同时也可结合扫描技术，精确复制实体。

4）可以实现个性化制作。利用传统方式制造个性化产品，付出的成本远远高于成品所具备的价值，这就致使传统制造无法在个性化生产的道路上走得太远。然而 3D 打印技术在这方面并没有太大困难，能以较低的成本进行个性化产品的单独生产或批量生产。

5）成本低。首先，在加工方式上，3D 打印技术采用增材加工方式，相对于传统机床的减材加工，可以避免对原材料的浪费，降低了制造成本；其次，与传统制造相比，使用 3D

打印技术制造形状复杂的物品不会增加成本。此外，该技术可以实现就地生产制造，无须仓储，运送成本低。

6）制作材料的多样性。3D 打印所用的材料多种多样，一台打印设备能够适用于多种材料来打印成型，不同的打印系统所用的材料也不尽相同，材料的多样性能够满足不同情况下的不同需求，应用更加广泛。常用的塑料、橡胶、金属等一些新兴材料均可以用来进行打印制造。

3D 打印也存在不足之处：打印技术不够成熟，打印耗材有着很大的局限性，打印设备和耗材成本较高，打印工作环境要求苛刻，复杂制品打印相对耗时、效率较低，大件化、批量化生产还不能够普及等。

1.2 什么是 3D 打印

1.2.1 3D 打印的基本原理

3D 打印技术（3D Printing）又称增材制造技术（Additive Manufacturing）。根据美国材料与试验协会（ASTM）2009 年成立的 3D 打印技术委员会（F42 委员会）公布的定义，3D 打印是一种与传统的材料加工方法截然相反，基于三维 CAD 模型数据，通过增加材料逐层制造的方式。

成龙的电影《十二生肖》中有这样一个片段：成龙戴着一副带有扫描功能的手套在圆明园兽首表面移动，兽首的三维数据输入计算机，通过一台 3D 打印机打印出了一个一模一样的兽首，如图 1-2 所示。虽然电影中的 3D 打印机就目前技术来讲还是虚构的，但 3D 打印的过程正如电影中所描述的那样。

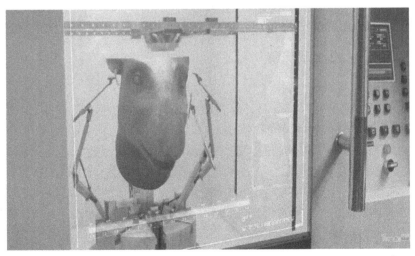

图 1-2　电影《十二生肖》中打印兽首（图片来源：成龙的电影《十二生肖》）

3D 打印技术原理如图 1-3 所示，即在计算机上设计出三维模型，进行网格化处理后再进行分层切片处理，得到三维模型的截面轮廓，按照轮廓信息生成 3D 打印机的加工路径，3D 打印机在控制系统的作用下，有选择地固化或切割每一层材料，打印出每一层轮廓，逐

层叠加形成三维零件，最后对零件进行后处理工艺，形成最终的成品。

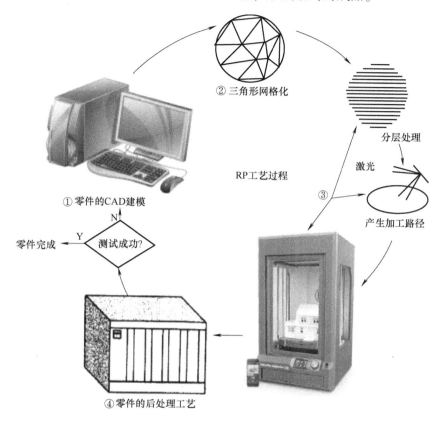

图1-3　3D打印技术原理

3D打印过程包括以下3步（见图1-4）。

1. 前处理

前处理包括三维模型的构建（可通过计算机建模、CT扫描、光学扫描等方式）、三维模型的网格化处理（网格化处理中往往会有不规则曲面的出现，需要对模型进行近似处理）、三维模型的分层切片。

2. 分层制造

通过3D打印机，将处理好的三维模型分层制造出来。三维模型的质量好坏与3D打印机的制造精度有很大的关系。

3. 后处理

打印完成的模型连有许多支撑，模型表面粗糙，带有许多毛刺或是多余熔料，甚至会出现模型部分结构的打印发生偏差，这时要对模型进行适当的修整，清除打印支撑、修剪突出

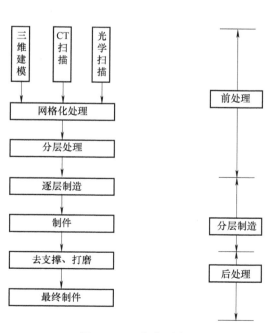

图1-4　3D打印过程

的毛刺、打磨粗糙表面以及固化处理增强强度等，最终获得所需制件。

1.2.2 3D 打印成型工艺分类

3D 打印技术是一种与传统的"减材制造"技术相反的称为"增材制造"的技术。按照其成型工艺可分为以下 6 种：

1. 熔融沉积快速成型技术（Fused Deposition Modeling，FDM）

熔融沉积快速成型技术又称为熔丝沉积成型技术，市场上常见的桌面级 3D 打印机大多是基于熔融沉积技术制造的，其工作原理如图 1-5 所示。3D 打印机的加热头把打印耗材（通常为 ABS 或 PLA）加热到略高于熔化温度，在控制系统的作用下，喷嘴沿着分层切片处理确定的二维轨迹运动，把挤出的热熔丝涂覆在打印平台上，并立即凝固成型。当一层截面成型后，打印平台向下移动，继续成型第二层截面，如此逐层打印零件的截面，最终打印出所设计的模型。

熔融沉积快速成型技术的主要原材料为塑料。塑料在人们的印象中并不是一种强度很高的材料，但人们身处在一个充满可能性的世界中，塑料的强度也可以变得很高。例如，美国的 Impossible Objects 将碳纤维、芳纶（Kevlar）和玻璃纤维等用于 3D 打印零部件，比传统热塑性材料 3D 打印出来的部件强度要高 2～10 倍。德国的 Igus 公司生产的高

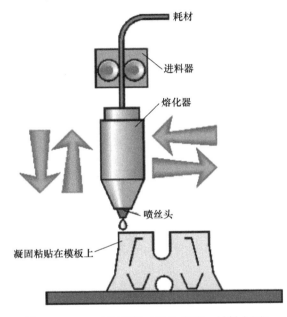

图 1-5　FDM 工作原理（图片来源：材料人网）

性能塑料（也被称作"运动塑料"）可以制造具有自润滑、耐腐蚀的轴承，生产出耐摩擦、耐腐蚀的传动螺母和齿轮。

桌面级 3D 打印机大多数使用的打印耗材为 ABS 或 PLA，打印耗材成本较高。然而，德国著名的注塑机生产厂商 Arburg Freeformer 生产的基于 FDM 技术的 3D 打印机有一个独特之处便是对打印耗材"不挑剔"，材料无须特殊的加工，也无须使用那些昂贵的材料，可以像注塑机那样使用塑料颗粒。同时，普通的 3D 打印爱好者也可以通过桌面级塑料挤出机，利用塑料粉末和其他材料创造出新颖而廉价的打印耗材。Iguldur 公司利用 Arburg Freeformer 的 3D 打印机已经成功地打印了轴承、齿轮、传动和驱动丝杠螺母滑块。

此外，美国的 Mini Metal Maker 公司设计的 3D 打印机采用 FDM 技术，以金属黏土作为打印材料，当 3D 对象被打印出来后，再进入陶瓷窑中进行高温干燥处理，高温烧去了黏土中的化合物成分，只留下金属部分，使其融合在一起而成为一个实体。

2. 选择性激光烧结技术（Selective Laser Sintering，SLS）

选择性激光烧结技术设备由美国德克萨斯大学奥斯汀分校的 C. R. Dechard 博士于 1989 年首次研制成功。目前，选择性激光烧结技术利用粉末为打印材料，研究主要集中在金属制件上。金属粉末烧结装置示意图如图 1-6 所示。选择性激光烧结技术的工作原理为：将粉末

铺在工作台上，用刮板将粉末刮平，利用高强度激光器扫面截面轮廓，粉末在高强度的激光作用下烧结，每层截面烧结完成后工作台下移，继续铺粉、刮平，激光器扫描下一个界面的轮廓，烧结该层截面并且与上一个截面紧密地烧结在一起，这样层层地烧结，最后形成所需零件。

选择性激光烧结技术常采用的原材料有金属、陶瓷、塑料、尼龙、蜡及它们的复合材料。不同原材料粉末有不同的应用领域，如采用金属粉末可以制作金属制件，采用陶瓷粉末可以制作铸造型壳、型芯和陶瓷件，采用热塑性塑料粉末可以制作消失模，而采用蜡粉末可以制作精密铸造蜡模。

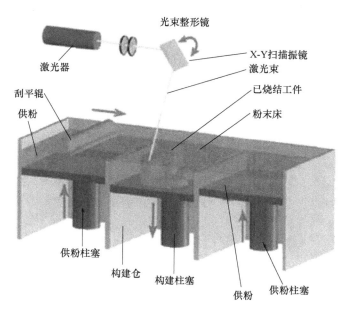

图 1-6　金属粉末烧结装置示意图（图片来源：嘀嗒印）

3. 三维打印成型技术（Three-Dimensional Printing，3DP）

三维印刷（3DP）工艺是美国麻省理工学院 Emanual Sachs 等人研制的。E. M. Sachs 于 1989 年申请了 3DP（Three-Dimensional Printing）专利，该专利是非成型材料微滴喷射成型范畴的核心专利之一。

3DP 工艺与 SLS 工艺类似，采用粉末材料成型，如陶瓷粉末、金属粉末。所不同的是材料粉末不是通过烧结连接起来的，而是通过喷头用粘接剂（如硅胶）将零件的截面"印刷"在材料粉末上面。用粘接剂粘结的零件强度较低，还需进行后处理。3DP 技术原理图如图 1-7 所示。具体工艺过程如下：涂抹一层粘结后，成型缸下降一个距离（等于层厚 0.013 ~ 0.1mm），供粉缸上升一定高度，推出若干粉末，并被铺粉辊推到成型缸，铺平并压实。喷头在计算机控制下，按照建造截面的成型数据有选择性地喷射粘结剂建造层面，集粉装置收集的多余铺粉会被重新利用。如此周而复始地送粉、铺粉和喷射粘结剂，最终完成一个三维粉体的粘结。未被喷射粘结剂的地方仍为干粉，在成型过程中起支撑作用，且成型结束

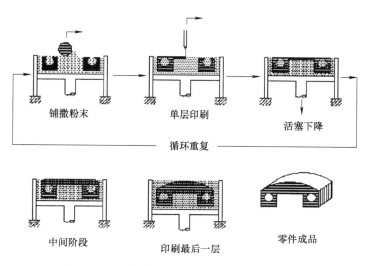

图 1-7　3DP 技术原理图（图片来源：智造网）

后，比较容易去除。

4. 光固化成型技术（Stereo Lithography Appearance，SLA）

光固化成型技术又称立体光刻造型技术。它主要采用液态光敏树脂为原料，紫外激光束在计算机的控制下，按照零件的截面轮廓对液态树脂进行逐点扫描，使扫描区域的光敏树脂层发生光聚合反应，从而形成一层固化截面。一层截面固化后，工作台向下移动一个截面厚度，刮板将树脂界面刮平，紫外激光束再对第二层截面逐点扫描，树脂逐层固化，最后制造出设计的零件。光固化成型技术原理图如图 1-8 所示。

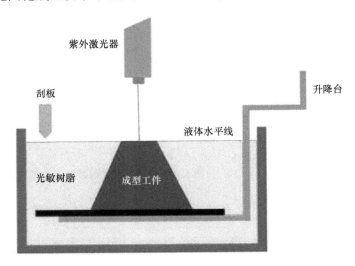

图 1-8　光固化成型技术原理图（图片来源：中国数字科技馆）

5. 分层实体制造法（Laminated Object Manufacturing，LOM）

分层实体制造法又称薄形材料选择性切割。分层实体制造采用薄片材料，如纸、塑料薄膜等。其原理是：在计算机的控制下，激光切割系统按照计算机提供的加工路径，将单面涂有热熔胶的薄膜材料切割出工件截面的一层轮廓。切割完一层轮廓后，工作台下降，送料机转动，使新的片层移动到加工区域，通过热粘压机构的加热，让新的片层与已切割层紧密地粘结在一起，激光器再切割下一层截面轮廓，这样一层层地切割粘合，直至加工出完整工件，最后将余料剥离，得到所需的零件。LOM 工艺的成型原理图如图 1-9 所示。

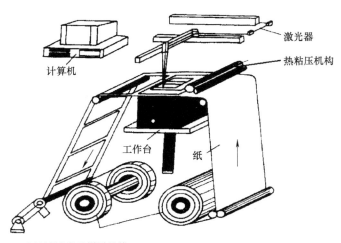

图 1-9　LOM 工艺的成型原理图（图片来源：数字化企业网）

6. 激光熔覆沉积技术（Laser Metal Deposition，LMD）

激光熔覆沉积技术也称激光工程化净成型技术。激光熔覆沉积技术是直接把材料送入激光中，材料在高能激光束的照射下熔化，按照计算机所生成的加工路径，材料逐层叠加，最终形成所需要的工件。激光熔覆沉积技术成型原理图如图 1-10 所示。熔覆材料通常是以粉末的形式送入，分为同轴送粉和侧向送粉两类。目前，激光熔覆沉积所用粉末主要包括钛合金、铝合金、不锈钢等粉末材料。激光熔敷沉积技术具有很大的技术经济效益，广泛应用于机械制造与维修、汽车制造、纺织机械、航海与航天和石油化工等领域。

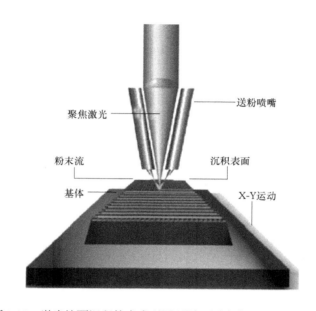

聚焦激光
送粉喷嘴
粉末流
沉积表面
基体
X-Y 运动

图 1-10　激光熔覆沉积技术成型原理图（图片来源：材料人网）

打印材料、成型技术与打印的产品之间紧密相连，三者之间相互适应。基于成型技术原理的差异，打印材料的选择要与打印技术相适应；为了保证打印产品的质量与综合性能，又要选取不同的打印技术进行成型。3D 打印技术与基本材料的应用见表 1-1。3D 打印技术与典型产品如图 1-11 所示。

表 1-1　3D 打印技术与基本材料的应用

类　　型	成 型 技 术	基 本 材 料
挤压	熔融沉积快速成型（FDM）	热塑性塑料、可食用材料、共晶系金属
粒状	选择性激光烧结（SLS）	金属材料、钛合金、不锈钢钴铬合金、铝、陶瓷、塑料、尼龙、蜡及它们的复合材料
粉末层喷头 3D 打印	三维粉末粘结技术（3DP）	陶瓷粉末、塑料粉末、金属粉末
层压	分层实体制造（LOM）	热塑性塑料、金属粉末、陶瓷粉末
光聚合	光固化成型（SLA）	光硬化树脂、液态光敏树脂、环氧感光树脂

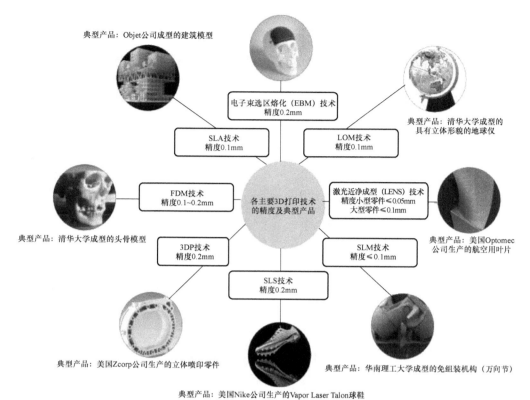

图 1-11　3D 打印技术与典型产品

1.3　3D 打印的应用领域

3D 打印技术经过近些年不断地发展与更新，技术上已经基本上形成了一套比较完善的体系，可以应用到的行业也在逐渐扩大。迄今为止，它不仅应用于机械工业、航天探索、医疗卫生等领域，还可以应用于艺术文化、创意时尚领域。

1.3.1　航空航天

在航空航天领域内，对零部件有着较为严格的要求，其结构十分复杂并且精密度高，而金属 3D 打印技术恰好满足这些要求。

目前，我国已经具备了使用激光成型超过 $12m^2$ 的复杂钛合金构件的技术和能力，并且投入多个国产航空科研项目的原型和产品制造中。据报道，我国已经用激光成型直接制造 30 多种钛合金大型复杂关键金属零件（见图 1-12），并在大型运输机、舰载机、C919 大型客机、歼击机等 7 种型号飞机中装机应用，解决了型号研制"瓶颈"。

除此之外，激光 3D 打印技术还可以对产生磨损的部位进行修复。当发动机机匣有局部磨损、裂纹、烧蚀等损伤时，各种支撑环、安装环、承力环等的磨损、裂纹损伤，以及封严块、封严篦齿等的磨损、烧蚀损伤均可用激光 3D 打印方法修复。多位螺栓孔表面、内孔和

外壁表面、键表面的腐蚀和磨损，也可采用激光 3D 打印方法修复。如图 1-13 所示，利用激光 3D 打印技术修复起落架动筒腐蚀、磨损损伤。

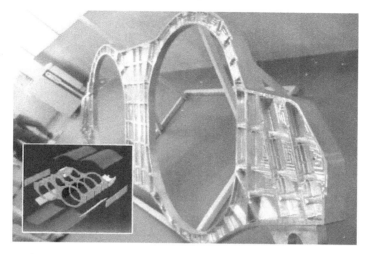

图 1-12　激光 3D 打印制造 J31 战机大型钛合金零件（图片来源：中华网社区）

图 1-13　利用激光 3D 打印技术修复起落架动筒腐蚀、磨损损伤（图片来源：航空维修与工程 2014/4）

1.3.2　医疗卫生

近几年来，3D 打印技术在医学领域的应用研究较多，不再单单局限于医疗教学用具、手术临床模拟领域，还可以应用于打印人造气管、牙齿、血管等器官。世界首例 3D 打印器官出现于美国俄亥俄州。一个小男孩的气管出现病症导致其无法正常呼吸，在此危急的情况下，密西根大学医学院用 3D 打印机制造了气管支架（见图 1-14），挽救了他宝贵的生命。

近日，全球第二大数据研究公司 MarketsandMarkets 发布了关于"3D 打印医疗设备、技术、医疗产品"的 2020 年市场预测报告。该报告在 2015～2020 年的预测期间研究了全球 3D 打印医疗器械市场。该市场将从 2015～2020 年以 25.3% 的年复合增长率增长，到

2020 年将达到 21. 3 亿美元。

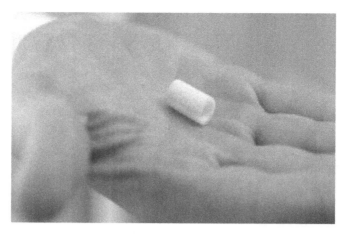

图 1-14　3D 打印制造的人造气管支架（图片来源：时报网）

1. 3D 打印应用于骨科领域

2012 年，3D 打印的钛合金骨植入了口腔癌患者原先癌变的下颚部位；2014 年，北京大学第三医院将 3D 打印的钛合金椎骨（见图 1-15）植入患者体内。与传动骨植入物相比，基于医学影像数据的 3D 打印骨植入物更能精准地与病患骨骼形状相结合，具有更加多变和复杂的结构，有利于患者的康复。

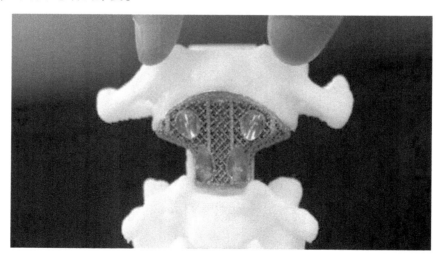

图 1-15　植入患者体内的钛合金椎骨（图片来源：3D 打印商情网）

2. 3D 打印应用于制药领域

2015 年 8 月 5 日第一个由 Aprecia 制药公司采用 3D 打印技术制备的 SPRITAM（左乙拉西坦，levetiracetam）口崩片（见图 1-16）被美国食品药品监督管理局（FDA）批准上市，这意味着 3D 打印技术打印人体器官后进一步向制药领域迈进。据 Aprecia 制药公司报道："3D 打印技术制备出来的药片内部具有丰富的孔洞，具有极高的内表面积，故能在短时间内迅速被少量的水融化。这样的特性给某些具有吞咽性障碍的患者带来了福音"。

图 1-16　3D 打印技术制备的 SPRITAM 口崩片（图片来源：中国 3D 打印网）

1.3.3　文化创意

文化创意的本质在于对现有事物的重新诠释与突破，3D 打印技术将以自身的优势应用促进工艺美术和艺术设计的发展。在越来越追求个性化、定制化的都市时尚产业，3D 打印技术无疑使得设计师更容易满足消费者的个性需求，更贴合消费者的意愿。3D 打印技术理论上的技术特性，使得设计师的一切创意转变成现实成为一种可能。设计师将无限的想象空间赋予创意独有的个性化内涵，3D 打印技术通过设计师脑海的 3D 画面转换成计算机的 3D 模型，不再受制于传统的制造技术便可以实现更为复杂的艺术设计，如复杂的树枝缠绕，岩石不规则形态和孔洞，皮肤纹理等概念产生的作品。图 1-17 所示为利用 3D 打印技术制作的传统技术无法实现的雕塑艺术品。

图 1-17　利用 3D 打印技术制作雕塑艺术品（图片来源：新华网）

目前，没有哪种技术能够比 3D 打印更为直观地将设计师的创意呈现给普通消费者。随着生活水平进一步提升，消费者处于日益追求个性化生活的大环境中，使得 3D 打印技术在创意家庭装饰、工艺品或家居设计等市场应用领域变得更为广阔。图 1-18 所示为利用 3D 打印技术制作的创意灯罩。

图 1-18　3D 打印技术制作的创意灯罩（图片来源：3D 虎）

1.3.4　珠宝时尚

3D 打印技术的运用无疑给珠宝领域带来了新的机遇和新的发展空间，它改变了以往的设计方式和后期生产加工方式，完善了传统手工艺与现代技艺相结合的生产模式，给珠宝首饰行业带来了新的商机与活力。

早在 2014 香港珠宝首饰展上 Cooksongold 与其战略伙伴 EOS 共同推出了可直接金属激光烧结的 Precious M080 系统（见图 1-19），用于 3D 打印珠宝首饰以及高档手表，成为全球第一款可以直接 3D 打印贵金属的打印机。Precious M080 3D 打印机直接打印成型的贵金属饰品如图 1-20 所示。

图 1-19　Precious M080 3D 打印机（图片来源：3D 虎）

图 1-20　Precious M080 3D 打印机直接打印成型的贵金属饰品（图片来源：TCT magazine）

　　与传统技术相比，通过 3D 打印技术制造出来的样板让产品在制作效率、精度、美观性上有很大的提升，看到精致无比的打印样板，感受到技术给珠宝业带来的惊喜，使设计师的设计理念和艺术性表现得更为完美，这种技术与艺术的完美结合将会让珠宝首饰更加璀璨夺目。3D 打印技术打印极具美感、形状复杂的珠宝首饰如图 1-21 所示。

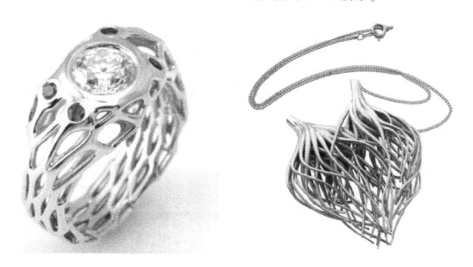

图 1-21　3D 打印技术打印极具美感、形状复杂的珠宝首饰（图片来源：中国 3D 打印网）

　　3D 打印珠宝具有如下优势：

1. 设计自由

　　与传统珠宝制作方法相比，手工无法完成的复杂结构，3D 打印技术只需要设定好程序，再难再复杂的形状也能通过计算机设定打印出来。因此，3D 打印技术弥补了这个人工"硬伤"。

2. 珠宝定制门槛降低

　　只要你有想象力，将你的创意告诉设计师，3D 打印技术就可以帮你制作独一无二的珠宝纪念品。

3. 价格优势

尽管 3D 打印技术制作珠宝是一种融合了高科技的工艺，但它的成本和最终售价都要远远低于传统珠宝。3D 打印技术不仅可以在两个小时内制作多达 10 个蜡模，效率提高近 20 倍，还有效降低了制作珠宝蜡块雕版的成本，因此价格也相对便宜。

1.3.5 食品加工

到目前为止，3D 打印技术在食品加工中的应用也是比较广泛的，不仅可以打印出巧克力、饼干、糖果等美食，而且打印出来的食品还可以以假乱真，更可以根据制作者的创新想法创造出各种奇特形状的食品，甚至可以根据食用者口感的喜好需求或营养需要进行特别定制。3D 打印技术制作的形状各异的糖果如图 1-22 所示。

图 1-22 3D 打印技术制作形状各异的糖果（图片来源：The Verge）

最早面向个人用户的 3D 食品打印机主要有加利福尼亚州 Cubify 公司在 CES 2014 展出的 ChefJet 和 ChefJetPro，以及巴塞罗那 Natural Machines 公司推出的一款消费级的 Foodini 3D 食品打印机。ChefJetPro 3D 打印机可以打印出人脸、丝带或衣服这些精致的东西。图 1-23 所示为利用 ChefJetPro 3D 打印机定制的个性蛋糕。

图 1-23 利用 ChefJetPro 3D 打印机定制的个性蛋糕（图片来源：www.cubify.com）

随着 3D 打印技术优势的不断体现，食品加工行业的应用研究也不断深入。3D 打印机在不久的将来将会深入到食品加工的各个领域，传统食品加工必然会通过以下 3 点引来一场革命性的变革。

1. 3D 打印食品可能带来餐饮业的变革

随着新型家用 3D 打印机的研发，食品打印机可能成为必备家电。现有的 3D 食品打印机已经可以打印巧克力、糖果、饼干、冰激凌等食品，未来随着更多食材的 3D 打印研究突破，再配合机器人厨师技术，家庭可能不再需要自己做菜。

2. 3D 打印机正给零售食品行业带来变革

据报道，国际零食巨头卡夫研制出可以 3D 打印的奥利奥饼干，吉百利公司引入了 3D 打印技术加速巧克力棒的设计工作，好时巧克力公司与 3D Systems 公司合作研制出巧克力 3D 打印机，百味来公司与荷兰技术公司 TNO 合作研制出 3D 打印意面。可以看出，糕点、饼干、面食等适合 3D 打印的食材，将会因 3D 打印技术的引用带来新一轮的发展。

3. 3D 打印技术可以提供更健康的食品

3D 打印技术可以改变食材的性状，并调配食材的营养配比。德国研制出一种叫作 "Smooth food" 的 3D 打印食品。3D 打印食材可以精确控制每种食材的用量，与未来的个人健康设备结合，根据个人的身体状况和需求实时打印出最健康的食品，可以大大改善人民的饮食健康。

1.4　3D 打印创新设计

伴随科技迅速发展的是技术的不断革新与人类思维的创新碰撞，3D 打印行业也不例外。在短短的时间内一次次地改善着人们的生活，激发着人类大脑的内在创新意识，下面让我们跟随 3D 打印技术的跳跃脚步来领略近几年 3D 打印行业内的创新设计与大胆设想。

1. 3D 打印自行车

对于市面上品牌众多、参数不一的 FDM 桌面级 3D 打印机来说，打印的产品在耐用和压力承受方面存在致命的缺陷，这也决定了 FDM 桌面级 3D 打印机的使用面窄。然而来自意大利的一个 3D 打印自行车项目表明，这些所谓的致命缺陷只是人们并未对其进行深入的研究与开发。

这款 3D 打印的自行车（见图 1-24）是由 Eurocompositi 设计工作室使用 FDM 桌面级 3D

图 1-24　获得 2015 Eurobike 产品设计金奖的 3D 打印自行车（图片来源：3D 虎）

打印机，以 PLA 为打印耗材开发出来的。这款 3D 打印的自行车不仅有靓丽的外观，环保的材质，而且还可以供人骑乘，由此获得了 2015 Eurobike 产品设计金奖（Eurobike Gold）。

2. 3D 打印椅子 RvR Chair

跟任何家具设计一样，3D 打印的家具是一件兼具功用性的艺术品。世界上首款 3D 打印椅子 RvR Chair（见图 1-25）由荷兰艺术家 Dirk Vander Kooij 在 2014 年 7 月发布。值得一提的是，凭借其线条流畅度、曲线弧度和艺术气息，这款椅子入围了 2015 年荷兰设计大奖的决赛。

RvR Chair 因为其重量轻、易堆叠且完全由再生塑料制成，而整个打印过程只需要半个小时，所以它入围了荷兰设计大奖的前五名。荷兰设计大奖委员会之所以青睐这个椅子，是因为这个设计证明了家具 3D 打印可以成为一个有竞争力的技术，它既不需要昂贵的模具，也不需要过长的生产时间。另外，委员会还高度赞赏了其流动的色彩和再生材料的使用以及强大的终端产品制造。

3. 高精度 3D 扫描仪 eora 3D Scanner

来自澳大利亚的 Rahul Koduri 和 Asfand Khan 等人设计了一款名为 eora 3D Scanner 的高精度 3D 扫描仪，如图 1-26 所示。它可以通过蓝牙与智能手机连接，采用绿色激光对物体进行环绕扫描，并在智能手机上重建出物体的高精度三维模型。

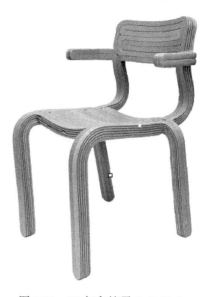

图 1-25　3D 打印椅子 RvR Chair
（图片来源：中国 3D 打印网）

图 1-26　高精度 3D 扫描仪 eora 3D Scanner（图片来源：搜狐）

eora 3D Scanner 扫描精度可以达到 $100\mu m$，误差为 $\pm250\mu m$，可扫描的物体最大长、宽尺寸均为 1 m，扫描结果是有色彩的而且会在手机屏上显示。eora 3D Scanner 本身并不需要

一个旋转平台对物体进行全面扫描，但是对于小型物体，使用旋转平台更方便，所以它们也制作了通过蓝牙 4.0 与手机配合使用的一个旋转平台。

4. Felfil Evo 拉丝器

桌面级 3D 打印机大部分采用塑料作为打印耗材，打印错误或失败的模型常常被丢弃，这样不仅增加了打印成本，而且造成了环境污染。制造一台利用废料生产打印耗材的机器将是不错的设想，而 Felfil Evo 拉丝器（见图 1-27）正是这个设想的产物。

图 1-27　Felfil Evo 拉丝器（图片来源：中国 3D 打印网）

Felfil Evo 拉丝器在工作过程中将 PLA 和 ABS 废料加热到 300℃ 左右，生产出直径为 1.75mm、2.85mm 或 3mm，精度可以达到 ±0.07mm 的打印耗材，重新用于 3D 打印中。

5. 电路板 3D 打印机 Voltera V-One

Voltera V-One 是一款专门为定制电路板而生的 3D 打印机（见图 1-28），打印机的开发者是来自加拿大滑铁卢（Waterloo）大学的学生团队。

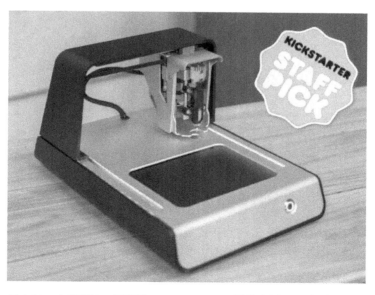

图 1-28　电路板 3D 打印机 Voltera V-One（图片来源：3D 打印在线）

2015 年是 Voltera V-One 辉煌的一年，年初的 Kickstarter 众筹超过原始目标 50 万英镑，而在年底之际，Voltera V-One PCB 3D 打印机又赢得了 2015 年世界上最著名的产品设计奖项——James Dyson 一等奖。Voltera V-One 还得到了 James Dyson 本人的高度赞赏，同时也收获了 3 万英镑（约 29 万元人民币）的奖金。

Voltera V-One 的优势在于它能够很轻松地使用高导电性的银纳米颗粒墨水来打印电路，并用绝缘油墨填充在两层之间成为一个双层电路板，如图 1-29 所示。

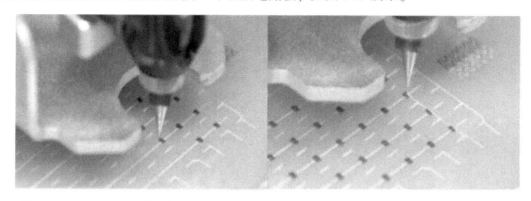

图 1-29　Voltera V-One 使用高导电性的银纳米颗粒墨水来打印电路（图片来源：3D 打印在线）

6. 3D 打印毛发系统

卡耐基梅隆大学的研究人员最近发明了一套可以 3D 打印毛发的系统，使用它可以为 3D 打印的模型添加各种毛发、纤维，使得模型显得更真实。图 1-30 所示为 3D 打印的骏马模型添加纤维状的尾巴。

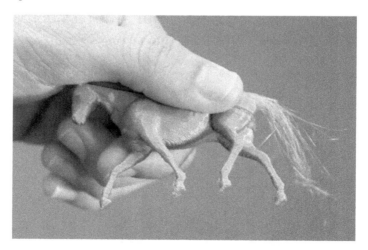

图 1-30　为 3D 打印的骏马模型添加纤维状尾巴（图片来源：中关村在线）

这套系统基于大多数消费级 3D 打印采用的 FDM 3D 打印机，但是编制了特殊的程序，让它挤出一点塑料然后进行拉丝。拉丝可以成排进行，也可以在一个表面随机散步。用户可以选择想要创建毛发的区域，设置毛发的参数，如长度、厚度、密度等，程序会据此控制机器进行拉丝。

7. 打印速度比传统叠层 3D 打印方法快几十倍

2015 年，3D 打印初创企业 Carbon 3D 获得 Autodesk 投资的 1000 万美元的 3D 打印基金后，又获得 1 亿美元的 C 轮融资，其获得众多投资者青睐的原因在于神奇的打印速度。正是由于 CLIP 的光催化技术可以连续不断地进行光催化处理，因此初创企业 Carbon 3D 设计的打印机的打印速度要比传统的叠层 3D 打印方法快 25～100 倍，从而令 3D 打印的量产成为可能。采用 CLIP 技术打印镂空模型，如图 1-31 所示。

图 1-31　采用 CLIP 技术打印镂空模型（图片来源：3D 打印网）

CLIP 技术采用了光致聚合作用树脂作为打印材质，这种材质在紫外线照射下会固化成型。Carbon 3D 在底部设计了一个紫外线的投影装置，按照 3D 物体每层的剖面形状投射紫外光到中间的树脂液池上面，仿佛一把美工刀般瞬间雕刻出剖面形状固化成型，然后再由提拉装置将完工的剖面提起，直至 3D 物体成型，整个过程就像魔术一般。

1.5　3D 打印的市场前景

在传统产业经济持续低迷的情况下，3D 打印作为新时代的高科技产物，肩负着一部分振兴未来制造业经济的重任。3D 打印在制造自由度、原材料利用率等方面具有明显优势，尤其适用于小批量、定制化的加工制造，推动了 3D 打印在工业应用领域和个人消费需求两大市场均取得了长足发展。

3D 打印的蓬勃发展不在于取缔传统化的机械式规模制造，而在于开拓出一种全新的生产模式，集个性化和创新创意于一体。随着当今社会物质、文化生活水平的不断提高，人们的需求更突出于个性的表现，日渐趋向于多元化、差异化、概念化、情趣化，不再仅仅满足于物质上的充裕，而更加注重自我精神世界的富足。为了满足追求新奇事物、追求高档次的普遍心理，独树一帜的个性化的产品无疑会对人们产生强烈的吸引力，会逐渐地汇聚到最广阔的市场洪流之中，焕发出独特的光彩。

3D 打印业务在国外的发展势头十分迅猛。前瞻产业研究院发布的《中国 3D 打印产业市场需求与投资潜力分析报告》显示，2009 年全球 3D 打印市场规模为 10.69 亿美元，此后 3 年保持在 20% 以上的速度增长，至 2012 年市场规模达到 22.04 亿美元。2013 年，全球 3D

产业的发展更是突飞猛进，增速达到 81.49%，市场规模达 40 亿美元，如图 1-32 所示。其中，美国、日本、德国占据了 3D 打印市场的主导，尤其是美国占据了全球近 40% 的比重。

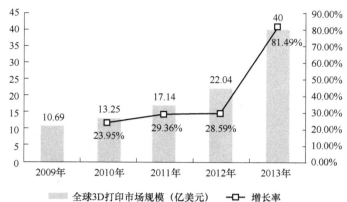

图 1-32　2009～2013 年全球 3D 打印市场规模趋势图（图片来源：中国硅谷在线）

3D 打印技术近年来在国内日趋升温。据前瞻产业研究院统计，2012 年我国 3D 打印市场规模约为 10 亿元，2013 年翻了一番达到 20 亿元。但是与美国、德国等发达国家相比，我国的 3D 打印产业仍处于起步阶段，国内 3D 打印应用仍主要停留在科研阶段，并未实现在工业及个人消费领域大规模推广。

1. 规划引导将引爆百亿市场

3D 打印产业一直以来都缺乏全国性的产业宏观规划和引导，没有一个方向性的指引。对于正处于培育推广阶段的中国 3D 产业而言，政府的重视与政策扶持显得尤为重要。《国家增材制造发展推进计划（2014—2020 年)》的出台与落实，进一步明确了产业的发展方向，并在政策上给予更多的支持，将成为推动 3D 打印产业发展的重要力量，进一步引爆我国的 3D 打印市场。目前国内已有多省市成立了地方 3D 打印产业联盟，并在相关政策中提及要重点发展 3D 产业；教育部也正在制定方案，让 3D 打印机走进学校，服务学生。

2. 培育大型企业，改变"小而散"的格局

目前，国内 3D 企业的规模普遍较小，多数企业的营收都只停留在几百万元的层面，营收超过 5000 万元的企业寥寥无几。而一些上市公司其主营业务并不属于 3D 打印产业，大多是借助已有或引入的技术来源进行项目产业化。

相比较而言，欧美 3D 打印企业已达到亿美元级的规模。前瞻产业研究院搜集了欧美 3D 打印领域几家知名企业的营收情况，根据各企业的公开资料，2013 年美国的两家 3D 打印巨头营收分别达到 4.8 亿美元和 5.1 亿美元，其余企业也都是几千万美元的级别。

从以上比较可以看出，我国与欧美国家 3D 企业的规模差距非常大，由此导致企业研发经费不足，在装备的配置上差距甚远。国内这种"小而散"的企业格局不利于企业集中资源进行创新，因此要赶超国际先进水平，必须进行资源整合，让企业做大做强，培育一批能与国外企业媲美的大企业。

相信在政府的引导下，在不久的将来，我国 3D 打印产业中必将涌现出一批实力强大的领军企业，共同推进我国 3D 产业的发展壮大。

1.6　习题

1. 3D 打印的基本原理是什么？
2. 3D 打印技术在制造业方面的特殊优势是什么？
3. 按照成型工艺特点，简述 3D 打印技术的分类类型。
4. 简述 3D 打印技术在不同领域的应用。

第②章
3D 打印机与打印材料

随着 3D 打印行业的蓬勃发展，全球内 3D 打印设备有望迎来爆发式的增长，尤其是桌面级和工业级两大领域。桌面级 3D 打印机就是可以放在桌子上的、小型化的 3D 打印机，通常用于模型爱好者、DIY、学校教学等领域，售价一般在 10 万元以内。工业级 3D 打印机打印尺寸大、速度快、精度高，售价最便宜的也得几十万元，正常售价不会低于百万元，是工业化批量生产、大尺寸模型制作、高精度零件加工的最佳选择。

3D 打印材料是 3D 打印技术发展的重要物质基础，打印材料直接决定了制造技术成型工艺、设备结构、成型件的性能等。常用的 3D 打印材料主要包括工程塑料、金属材料、光敏树脂、类橡胶材料和陶瓷材料等。除此之外，还包括细胞生物原料、彩色石膏材料以及砂糖等食品材料，其形态不一。

2.1 桌面级 3D 打印机

近几年，随着 3D 打印技术的进步和 3D 打印设备生产量不断扩大，桌面级 3D 打印机的价格有所降低，一般在几千元到几万元不等，再加上其体积较小、操作简单便捷、打印精度较高等相关因素，促使桌面级 3D 打印机销售量不断增加。而且 Stratasys、Ultimaker、XYZ-printing 等国内外知名 3D 打印机厂家都想抢占市场先机，不断推出新产品。

根据 2013 年 11 月，全球最大的 3D 打印机协同制造平台 3D Hubs 对其平台上注册的 3D 打印机的统计分析，美国 Stratasys 公司以 25.5% 的市场保有量成为领导者，紧随其后的是德国 RepRap 公司和荷兰 Ultimaker 公司，其市场占有率分别为 21.9% 和 18.4%，而美国 3D Systems 的设备保有量占 10.8%，位居第四，如图 2-1 所示。

（1）美国知名 3D 打印机品牌

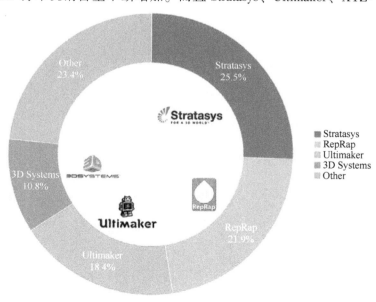

图 2-1　3D Hubs 对 3D 打印机市场占有率的统计分析
（图片来源：www.3dhvbs.com/rends）

Stratasys 公司的 3D 打印机图片及相关参数见表 2-1。

表 2-1　Stratasys 公司的 3D 打印机图片及相关参数

产品图片	产品型号	打印喷头	打印层厚/mm	打印材料	打印尺寸	官方报价/美元
	Uprint SE	双喷头	0.245	ABS plus	203mm × 152mm × 152mm	20990
	Uprint SE Plus	双喷头	0.245 或 0.33	ABS plus	203mm × 203mm × 152mm	20990
	Mojo	双喷头	0.17	ABS plus	127mm × 127mm × 127mm	15900

注：Uprint SE、Uprint SE Plus 和 Mojo 三款打印机都采用双喷头设置，其中一个喷头用于打印支撑，支撑材料为 SR-30 水溶性材料，并且配备 WaveWash 支撑去除系统。

MakerBot 公司的 3D 打印机图片及相关参数见表 2-2。

表 2-2　MakerBot 公司的 3D 打印机图片及相关参数

产品图片	产品型号	打印喷头	打印层厚/mm	打印材料	打印尺寸	官方报价/美元
	MakerBot Replicator 5	单喷头	最小0.1	PLA	252mm × 199mm × 150mm	2899

（续）

产品图片	产品型号	打印喷头	打印层厚/mm	打印材料	打印尺寸	官方报价/美元
	MakerBot Replicator Z18	单喷头	最小 0.1	PLA	305mm×305mm×457mm	6499
	MakerBot Replicator 2X	双喷头	最小 0.1	PLA 和 ABS	246mm×152mm×155mm	2800

注：2013 年 6 月 20 日，3D 打印行业巨头 Stratasys 花费 4.02 亿美元（约占 Stratasys 总市值的 1/8）成功收购主打桌面级 3D 打印机市场的著名厂商 MakerBot，充实了 Stratasys 的入门级产品线。

3D Systems 公司的 3D 打印机图片及相关参数见表 2-3。

表 2-3 3D Systems 公司的 3D 打印机图片及相关参数

产品图片	产品型号	打印喷头	打印层厚/mm	打印材料	打印尺寸	官方报价/美元
	Cube Pro	单喷头/双喷头/三喷头	0.07/0.2/0.3	PLA、ABS 和尼龙	273mm×273mm×241mm、229mm×273mm×241mm、185mm×273mm×241mm	2799、2899、2999
	Cube 3	双喷头	0.075/0.2	PLA 和 ABS	152.5mm×152.5mm×152.5mm	999

（2）欧洲知名 3D 打印机品牌

德国 RepRap 公司的 3D 打印机图片及相关参数见表 2-4。

表 2-4　德国 **RepRap** 公司的 **3D** 打印机图片及相关参数

产品图片	产品型号	打印喷头	打印层厚/mm	打印材料	打印尺寸	官方报价/欧元
	X350	单喷头	0.2	PLA、ABS、尼龙、PS 等	350mm×200mm×210mm	2499
	NEO	单喷头	0.1	PLA	150mm×150mm×150mm	699

荷兰 Ultimaker 公司的 3D 打印机图片及相关参数见表 2-5。

表 2-5　荷兰 **Ultimaker** 公司的 **3D** 打印机图片及相关参数

产品图片	产品型号	打印喷头	打印层厚/mm	打印材料	打印尺寸	官方报价/欧元
	Ultimaker 2 Extended	单喷头	最小 0.02	PLA 和 ABS	230mm×225mm×305mm	2499
	Ultimaker 2 Go	单喷头	最小 0.02	PLA	120mm×120mm×115mm	1450

（续）

产品图片	产品型号	打印喷头	打印层厚/mm	打印材料	打印尺寸	官方报价/欧元
	Ultimaker 2	单喷头	最小0.02	PLA 和 ABS	230mm × 225mm × 205mm	2499

（3）中国知名 3D 打印机品牌

中国知名 3D 打印机及相关参数见表 2-6。

表 2-6　中国知名 3D 打印机及相关参数

打印机名称	产品图片	产品型号	打印喷头	打印层厚/mm	打印材料	打印尺寸	官方报价/元
太尔时代		UP BOX	单喷头	0.1 ~ 0.4（可调）	PLA 和 ABS	225mm × 205mm × 205mm	21999
三纬国际（XYZprinting）		Da Vinci1.0A	单喷头	0.1 ~ 0.4（可调）	PLA 和 ABS	200mm × 200mm × 200mm	3999
AOD		AOD Artist	单喷头	最小0.1	PLA 和 ABS	200mm × 200mm × 200mm	28800

（续）

打印机名称	产品图片	产品型号	打印喷头	打印层厚/mm	打印材料	打印尺寸	官方报价/元
闪铸三维科技		ME Ducer	双喷头	0.05 ~ 0.5（可调）	PLA 和 ABS	230mm × 150mm × 150mm	19999

2.2　工业级 3D 打印机

工业级 3D 打印机与桌面级 3D 打印机完全不同，不仅表现在体积庞大、售价昂贵等方面，工业级的产品为达到某些相关性能，采用了多种代表当今最前沿的 3D 打印技术。目前，工业级 3D 打印领域有三巨头的说法，即 3D Systems、Stratasys 和 EOS，三家技术各有特色。

1. 美国 3D Systems 系列

3D Systems 率先发明了光固化成型解决方案，产品线包括 SLA 光固化成型系列、SLS 可选择性激光烧结系列、MJM 多喷头模型系列等。例如，ZPrinter 850 打印机采用 3DP 原理，5个打印头利用类石膏粉末可打印出含有 390000 种颜色的最大尺寸为 508mm × 381mm × 229mm 的产品。ZPrinter 850 工业级 3D 打印机如图 2-2 所示。

图 2-2　ZPrinter 850 工业级 3D 打印机（图片来源：中关村在线）

2. 美国 Stratasys 系列

Stratasys 公司旗下的 3D 打印拥有两种技术：FDM 技术和 PolyJet 技术，这两种打印技术有各自的特点。其中 PolyJet 技术对应机器系列有彩色系列、Desktop 系列、Eden 系列和 Connex 系列。Connex 系列中不得不提及的打印机为 Objet1000，如图 2-3 所示。Objet1000 将先进的喷墨式 3D 打印技术推向了另一个高度，最大打印尺寸达到了惊人的 1000mm × 800mm × 500mm，可实现制作工业级 1∶1 尺寸模型的高端服务领域；Objet1000 系统中有 100 多种材料可供选择，能够在一个模型上打印 14 种不同的材料属性。

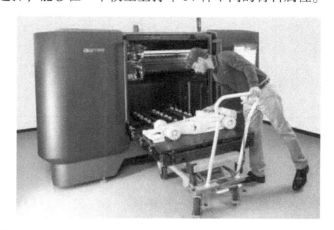

图 2-3　Objet1000 工业级 3D 打印机（图片来源：中国 3D 打印网）

3. 德国 EOS 系列

德国 EOS 公司（Electro Optical System）是激光 3D 金属打印的全球领导者，其设备主要涉及 3D 打印的光固化工艺和选区激光烧结工艺，主要快速成型产品有 Formigap 系列、Eosintp 系列、Eosint S 系列和 Eosrntm 系列等。EOS M400 打印机（见图 2-4）是采用直接激光烧结（DMLS）技术，利用红外激光器对各种金属材料（如模具钢、钛合金、铝合金以及 CoCrMo 合金、铁镍合金等粉末材料）直接烧结成型，最大产品成型尺寸为 400mm × 400mm × 400mm。

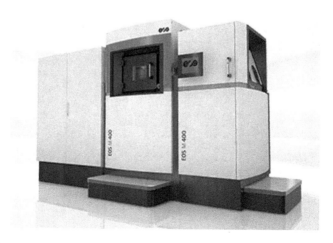

图 2-4　EOS M400 工业级 3D 打印机（图片来源：中国 3D 打印网）

2.3　桌面级 3D 打印机的主要部件

桌面级 3D 打印机技术的发展已经较成熟，创客们也已经 DIY 出了属于自己的打印机。

桌面级 3D 打印机的主要组成部件如图 2-5 所示。

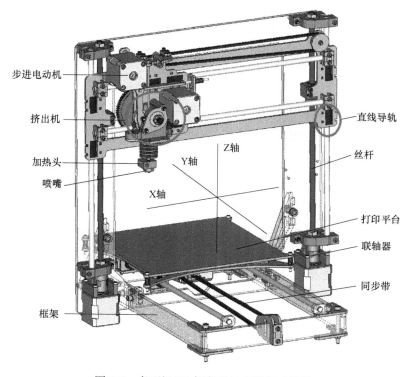

步进电动机

挤出机

加热头

喷嘴

Z轴

Y轴

X轴

直线导轨

丝杆

打印平台

联轴器

同步带

框架

图 2-5　桌面级 3D 打印机的主要组成部件

2.3.1　挤出机

挤出机可以分为两类：近程挤出机和远程挤出机，如图 2-6 所示。近程挤出机与加热头

图 2-6　挤出机（左：近程挤出机　右：远程挤出机）

和喷嘴是直接连接成一体的；远程挤出机与加热头和喷嘴是分开的。挤出机主要由送丝齿轮、导料轮、送料电动机、挤出机支架和弹簧组成，工作原理是相似的，即弹簧提供的弹力使导料轮和送丝齿轮将耗材夹住，送料电动机旋转带动送丝齿轮通过摩擦力拉动耗材前进或退出。

2.3.2　加热头

加热头主要由加热块、加热棒、温度传感器和进料管（喉管）组成。在加热棒和温度传感器的共同作用下，加热头达到设定温度值，使得由进料管进入加热头中的打印耗材变成热熔状从喷嘴挤出。

2.3.3　喷嘴

市场上销售的喷嘴主要分为 Budaschnozzle 和 J-head 两类，喷嘴精度却有 0.2mm、0.3mm、0.4mm 等多种型号可以选择。Budaschnozzle 喷嘴有主动散热和被动散热两种方式，Makerbot、RepRapPro 的机器喷嘴主要采用主动式散热；而 J-head 喷嘴重量轻，适合应用在精度要求较高或者机械轴负载能力较弱的机器中，如三角爪式结构。两种类型的喷嘴没有优劣之分，只是需要根据 3D 打印机的不同类型进行选择。

2.3.4　步进电动机

步进电动机是将电脉冲信号转变为角位移或线位移的开环控制步进电动机元件，是 3D 打印机中一项非常重要的动力部件，能够驱动活动部件在 X、Y、Z 轴上的运动。一般情况下，部件在 X、Y 轴上的运动是通过固定在步进电动机上的同步轮带动同步带及其他同步轮共同作用实现的；在 Z 轴上的运动则是通过直线丝杆步进电动机直接作用完成的。带有同步轮的步进电动机与直线丝杆步进电动机如图 2-7 所示。

图 2-7　带有同步轮的步进电动机（左）与直线丝杆步进电动机（右）（图片来源：维基百科）

步进电动机适用于需要精确定位的应用，其稳定性与运行精度直接影响到 3D 打印机的打印效果。3D 打印机上最常用的是 42 步进电动机，其步距角度为 1.8°，转动一周有 200 步，步距角精度为 ±5%。

2.3.5　同步带

同步带按齿形分为梯形齿形和弧形齿形两大类，其结构如图 2-8 所示。弧形齿形同步带与梯形齿形同步带相比，应力分布合理，承载能力和寿命提高，同时弧形齿形同步带振动和干涉量小，有利于维持原有打印精度不受影响。

考虑到 3D 打印机的打印精度和配件寿命，弧形齿形同步带得到了 3D 打印机制造商的广泛使用。

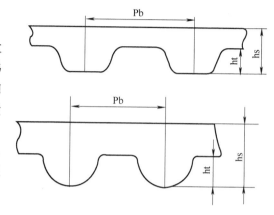

图 2-8　梯形齿形和弧形齿形同步带的结构

2.3.6　打印平台

打印平台就是打印物体的支撑平台，又称工作台。每一款 3D 打印机的打印平台尺寸大小都不同，但它们所起到的作用是相同的，即喷嘴挤出的热熔丝在打印平台支撑作用下实现一层层堆积成型，同时模型的第一层牢牢粘贴在打印平台上。市场上销售的打印机的打印平台有两种：一种不能提供加热功能，主要用于打印 PLA 材料，如 MarkBot Replicator Z18；一种提供加热功能，可以打印 ABS 和 PLA 等材料，如 MarkeBot Replicator 2X。

2.3.7　直线导轨

大部分桌面级 3D 打印机在 X、Y、Z 轴方向上都有由精密光轴、直线轴承或铜轴承以及塑料滑块组成的直线导轨。图 2-9 所示为直线导轨的组成结构，采用铜质轴承工作时噪声小，但是使用寿命比直线轴承短。现在有些 3D 打印机已经使用微型滚动直线滑轨，提高了打印精度和寿命。

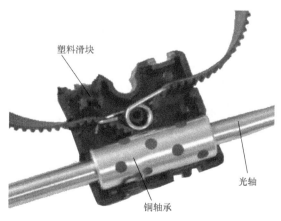

塑料滑块

光轴

铜轴承

图 2-9　直线导轨的组成结构

2.3.8 联轴器

联轴器是用来联接不同机构中的两根轴（主动轴和从动轴）使之同步 1∶1 完成传递扭矩的传动装置。3D 打印机的 Z 轴传动有两种不同的形式，一种形式如图 2-7 右图所示，步进电机的轴是一根直线丝杆；另一种形式如图 2-10 所示，联轴器下方连接步进电机轴，上方则连接用于 Z 轴升降的丝杆。

图 2-10　联轴器

2.3.9 限位开关

桌面级 3D 打印机都会在 X、Y、Z 轴方向上安装一个机械或光电限位开关，主要有两个作用：①可以保证打印机在打印前精确定位到初始位置；②当移动部件运动到行程极限位置时会触及限位开关，此时在控制系统作用下移动部件停止运行，起到保护设备的作用。限位开关如图 2-11 所示。

2.3.10 框架

框架结构分为矩形盒式结构（MakerBot 和 Ultimaker）、矩形杆式结构（PrintrBot）、三角形结构（RepRap）、三角爪式结构（Rostock）、舵机转动型结构。矩形盒式结构的机器是目前市面上最为普及的机型，而舵

图 2-11　限位开关

机转动型结构的机器目前正处于开发阶段。矩形盒式结构、矩形杆式结构、三角形结构、三角爪式结构机器依次如图 2-12 所示。

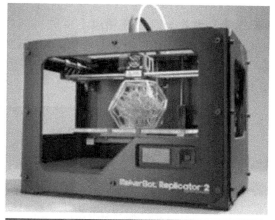

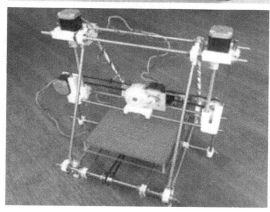

图 2-12　不同框架结构（图片来源：中国 3D 打印网、搜狐、点客社区）

2.4　打印材料

据统计，目前已经研发出可以应用于 3D 打印上的材料约有 14 种，主要有用于桌面级 3D 打印机的 ABS、PLA 塑料，以及 PC 工程材料等；用于工业级打印机的金属粉末、树脂、石膏粉末等材料，在此基础上又可混搭出百种改良材料。

2.4.1　桌面级打印耗材

1. ABS 塑料类

ABS（Acrylonitrile Butadiene Styrene，丙烯腈、丁二烯和苯乙烯的共聚物）塑料是一种用途极广的热塑性工程塑料，是桌面级 3D 打印机使用最早的打印耗材，目前有多种颜色可供选择。ABS 塑料具有良好的耐热性，加热到 210℃ 左右才能从喷嘴中挤出，一般设置打印温度为 210～230℃。ABS 塑料冷却速度快，具有遇冷收缩的特性，极易出现模型周边局部翘曲变形、悬空问题。另外，打印的模型尺寸较大，还会产生整体脱离打印平台的现象。因

此，ABS 耗材打印时必须使用可加热打印平台，可加热打印平台温度达到 80~110℃，并且在打印平台上覆盖一层耐高温美纹胶带更能有效降低翘曲、悬空等问题的发生。建议使用密闭式打印机，减少热量的散失。ABS 耗材打印案例如图 2-13 所示。

利用 ABS 塑料打印时会产生强烈的刺鼻气味，因此长时间在通风不良的房间内使用，就有可能对人体的健康产生危害，当然这不是提倡放弃对 ABS 耗材的使用。ABS 耗材易于打磨、表面上色、镀层处理和可利用丙酮蒸汽抛光等优点，在产品验证、个性化创意饰件等领域得到了广泛的应用。ABS 耗材打印模型上色案例如图 2-14 所示。

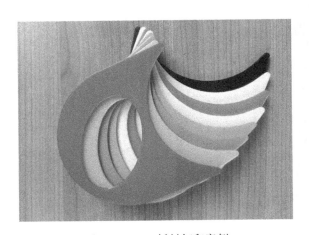

图 2-13　ABS 耗材打印案例

图 2-14　ABS 耗材打印模型上色案例
（图片来源：模具联盟）

2. PLA 塑料类

PLA（Poly Lactice Acid，生物降解塑料聚乳酸）主要以玉米、红薯等为原料制成，是公认的绿色环保材料。PLA 耗材的熔化温度比 ABS 低，加热到 190℃左右就可以从喷嘴中顺畅挤出，拥有良好的流动性。与 ABS 耗材相比，PLA 的收缩性极低，能够避免边缘固化慢造成的翘边、脱离现象，这意味 PLA 可以在打印平台不具有加热功能的情况下打印模型。但是 PLA 耗材冷却较缓慢，为防止打印过程中打印层凹陷，可以在喷嘴旁边安装小风扇对热熔丝进行辅助冷却。PLA 耗材打印案例如图 2-15 所示。

注意，打印耗材长期暴露在潮湿或者太阳直晒环境下，会导致材料失效。将耗材存放在含有干燥剂的密封袋内，置于阴凉干燥处是最好的选择。

现在 ABS 和 PLA 是桌面级 3D 打印机使用最多的两

图 2-15　PLA 耗材打印案例

类工程塑料，它们有各自的打印特点。ABS 耗材与 PLA 耗材打印时的区别如表 2-7 所示。

表 2-7　ABS 耗材与 PLA 耗材打印时的区别

	ABS 耗材	PLA 耗材
熔点	210℃左右	190℃左右
气味	气味刺鼻	棉花糖气味
打印温度	210～230℃	190～210℃
打印平台温度	80～110℃	60℃或者不加热
打印色泽	灰暗色	光亮色

3. 聚碳酸酯

聚碳酸酯是一种强韧的热塑性树脂，打印温度要求比 ABS 和 PLA 耗材高，打印模型翘曲度小，强度比 ABS 高。

4. 碳纤维耗材

碳纤维耗材的特点是质地轻薄，强度重量比高，硬度极高，适用于对刚度和强度要求较高的应用。

5. 木质耗材

木质耗材 LAYWOO-D3 是采用 40% 的回收木粉和无害的聚合物制成的一种新型复合材料，发明者是德国的设计师 Kai Parthy。在打印过程中，木质耗材散发出木头的味道，并且根据打印温度的变化呈现不同深浅的木纹颜色，类似年轮的效果。打印特点是表面粗糙，看起来像是真正的木材。木质耗材 LAYWOO-D3 打印案例如图 2-16 所示。LAYWOO-D3 耗材的直径为 3mm，重量约为 0.55 磅（约 0.25kg），售价在 25 美元左右，价格较昂贵。据报道，国内耗材制造商已经研发出了采用竹纤维粉末的第二代木质耗材，比木粉耗材更耐高温，不易烧焦。竹纤维耗材的直径有 1.75mm 和 3.00mm 两种规格，售价为 120 元/kg 左右。

图 2-16　木质耗材 LAYWOO-D3 打印案例
（图片来源：中国 3D 打印网）

6. 水溶性 PVA 耗材

水溶性 PVA 耗材能够快速溶解于常温水中，易剥离，不影响打印模型表面，可用在双色 3D 打印机上，作为 PLA 和 ABS 等耗材打印的支撑材料，解决了支撑结构不易清除的难题。

7. 混色耗材

一卷耗材配有多种颜色，在打印机不需要更换不同颜色耗材的情况下就可以实现多种颜色切换的彩色模型打印。众景优品科技有限公司生产的单丝混色耗材及打印模型如图 2-17 所示。

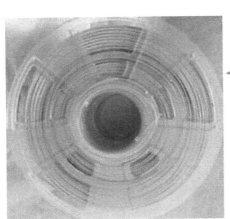

图 2-17　混色耗材与打印模型（图片来源：中国 3D 打印网）

2.4.2　桌面级打印耗材特性介绍

1. 耗材直径

3D 打印机制造商销售的设备绝大部分只能使用一种直径规格的耗材，迄今为止还没有哪一款打印机可以同时兼容不同直径的耗材，所以在购买打印机前需要搞清楚打印机适合使用的耗材直径。如果耗材直径太粗，送丝齿轮和导料轮两者间的恒定距离会被胀开，影响两者的正常工作；反之，材料直径太细，则齿轮与耗材之间产生打滑，发生咬不进料的现象。

现在，市场上销售的打印耗材直径主要有 1.75mm 和 3.00mm 两种规格。不同直径的材料各有优势，使用哪一种规格还需要根据厂家生产的机器而定。例如，MakerBot Replicator Z18 只能使用直径为 1.75mm 的 PLA 耗材，而 Ultimaker 2 Extended 则使用直径为 3.00mm 的 PLA 和 ABS 耗材。

2. 耗材气泡率

耗材对气泡率的大小要求非常严格，气泡占有率大的耗材中间会有一段空心，致使喷嘴实际挤出的热熔丝量比理论计算量偏低，导致模型表面会出现细小的凹陷纹路，从而影响产品质量与美观度。

2.4.3　工业级打印材料

通常，为了保证打印产品性能良好，根据打印设备的规格以及成型技术工艺的差异，在材料及其形态的选择上就会有所不同。例如，工业级粉末状打印材料的粒径在 $1 \sim 100\mu m$ 范围内波动，为了使粉末保持良好的流动性，一般要求粉末呈高球形度。

1. 金属粉末类

1）钛（Titanium）：采用粉末烧结成型技术，利用激光器对钛合金粉末层层烧结成型。这种材料制作的工业零件具有重量轻、强度高、耐腐蚀等特点，受到工程制造领域的青睐。激光直接制造成型钛合金工件如图 2-18 所示。

2）不锈钢材料（Stainless Steel）：不锈钢材料比较坚硬，而且有很强的牢固度，常被用于选择性激光烧结技术（SLS）进行烧结成型。不锈钢材料具有多种颜色选择，如银色、古

铜色以及白色，是制作现代艺术品以及装饰用品不错的选择。

图 2-18　激光直接制造成型钛合金工件（图片来源：中国激光网）

3）银（Silver）：这种材料不是直接用于 3D 打印，制作工艺与传统失蜡铸造工艺相似，只是采用 3D 打印技术生产高精度蜡模。3D 打印技术的使用，为珠宝商提供了生产复杂几何形状首饰的可能。日本三菱公司开发的银黏土是将金属银磨成极细的粉末，混合有机质所组成，经过快速烧结后，有机质会完全燃烧而形成纯银，所制作成品的质感与传统银制品没有差异。它可以与合成珠宝、陶土等结合让创作者拥有更宽广的创作空间。

4）金（Gold）：美国一家珠宝设计公司 Nervous System 采用直接金属激光烧结技术打印出了一款由互锁组件构成的 18K 金手链（见图 2-19），整体不需要组装，直接由 3D 打印完成。

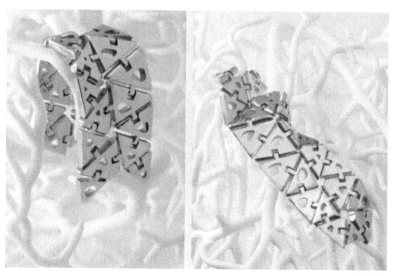

图 2-19　采用直接金属激光烧结技术打印 18K 金手链（图片来源：模具联盟）

5）尼龙铝粉末：这是一种在尼龙材料中掺杂适量铝粉的材料，使其产生铝的某些特性，通过选择性激光烧结技术（SLS）逐层打印成型。产品呈现金属质感，同时可以后期抛光处理，适用于打造装饰品和首饰的创意产品。

2. 光敏树脂

3D 打印中使用的光敏树脂是一种液态材料，用 SLA 成型机对光敏树脂进行立体光刻处理，进而实现高成型精度、高细节分辨率打印，打印模型硬度与 ABS 类似，每层厚度可达几微米级，多用于高精度模型制作、工业手板制作和首饰珠宝行业等。采用光敏树脂打印的镂空球如图 2-20 所示，美中不足的是材料成本太高，而且支撑材料不能被回收利用，同时光敏树脂材料长期暴露在光照条件下会逐渐变脆。

注意，光敏树脂附着到皮肤上难以清除，而且对人体具有潜在的危害及毒性，所以一定要佩戴手套，尽量减少直接接触。

3. 石膏粉末

采用 3DP 技术，粉末微粒作为打印介质，粉末被刮刀刮平后喷射粘结剂再打印下

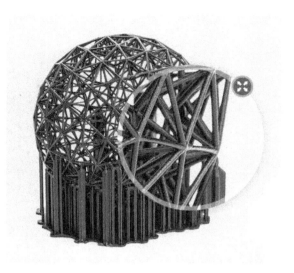

图 2-20　采用 SLA 技术打印光敏树脂镂空球（图片来源：德慕科技）

一层，产品表面具有细微沙粒的效果，曲面表面可能出现细微的年轮状纹理。打印过程没有支撑生成，未使用的材料可回收利用，降低了材料成本。但是石膏材料打印的模型具有易碎性，需要小心保管。采用石膏粉末打印全彩色模型是目前 3D 照相馆最常见的方法，如图 2-21 所示。

图 2-21　采用 3DP 技术打印全彩色石膏模型（图片来源：百度贴吧）

4. 类橡胶（Rubber Like）

类橡胶采用 EOS 公司的选择性激光烧结工艺，由热塑性聚氨酯粉末床层层烧结获得。这种材料的特点是非常强壮且柔韧，适合用于制作手机壳及在压力下有一定韧性的物品。

5. 陶瓷（Ceramic）

陶瓷粉末通过选择性激光烧结技术（SLS）实现产品成型，打印完成之后再单独对产品进行高温烧制和上釉处理。陶瓷产品耐高温、安全卫生，可以用来盛放食物，很多人用陶瓷材料来打印颇具艺术气息的陶瓷餐具，如图 2-22 所示的瓷盘、瓷碗等。

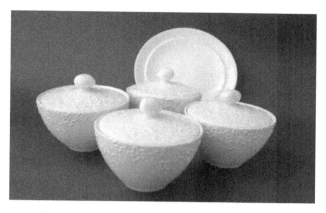

图 2-22　采用 SLS 技术打印的瓷盘、瓷碗（图片来源：中关村在线）

6. 玻璃（Glass）

　　美国麻省理工学院科学家在研究一种加法制造精细玻璃的新工艺：通过 3D 打印技术造出精美绝伦而且可能用途更广的玻璃。麻省理工学院介导物质团队联合该校机械工程系、怀斯研究所和玻璃实验室开发出的这种 3D 打印玻璃工艺称为 "G3DP"，制作出的产品被称为加法制造光学透明玻璃。采用 G3DP 工艺制作的精美玻璃品，如图 2-23 所示。它们的平均层高约为 4.5mm，宽度则约为 7.95mm。此外，由于打印得非常精确，它们的形状也极其圆润。据物理学家组织网报道，介导物质团队的主要研究领域是仿生设计制造工具和技术，旨在把计算机科学、材料工程学与设计学结合在一起，探索新型设计的工艺创新。

图 2-23　采用 G3DP 工艺制作的精美玻璃品（图片来源：3D 打印网）

2.5　习题

1. 3D 打印机大致可分为哪几类？它们的区别是什么？
2. 桌面级 3D 打印机主要由哪些部件组成？作用分别是什么？
3. 简述 ABS 和 PLA 两种耗材打印时的区别。
4. 分别列举 5 种桌面/工业级 3D 打印机应用的打印耗材。

第 3 章

3D 打印专属名词与建模要求

3.1 3D 打印专属名词

3.1.1 切片

桌面级 3D 打印机按照模型每一层的预定轨迹,以一定速率层层叠加沉积实现模型的堆积成型,这里的每一层就是横切面的概念,可以形象地将其比作图 3-1 所示的用刀切成的面包片。切片处理是将模型转化为一系列由横切面组合而成的 Gcode 代码,即每一层的预定轨迹。

图 3-1 用刀切成的面包片比作横切面概念

3.1.2 层高

打印的层高直接影响到打印物品的外观质量和打印时间。层高越小,则物品表面层越多,也越光滑,但打印时间也越长;反之,层高越大,则打印时间越少,但物品表面会出现明显的水平分层。图 3-2 展示了打印层高 0.3mm 和层高 0.15mm 之间的模型表面差别。一般

来说，层高最大值不超过喷嘴直径的 80%，最小值不低于喷嘴直径的 40%。

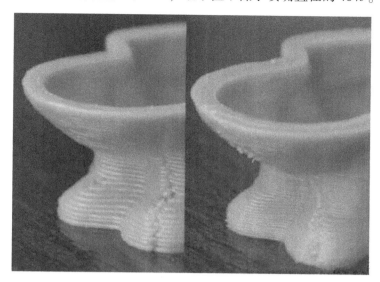

图 3-2　0.3mm 层高（左）与 0.15mm（右）层高的对比

3.1.3　填充类型

填充的目的是节约打印材料，缩短打印时间，而且也起到了一定的支撑作用。填充类型有方格型、六边型及蜂窝型等，如图 3-3 所示。其中蜂窝型是现在公认最优的填充类型。

图 3-3　几种不同的填充类型（图片来源：3D Matter）

填充类型不会影响打印件的外观，但却在一定程度上影响打印件的强度。填充类型一定时，填充密度越大，打印件的强度越高。如果不需要高强度的打印件，则填充密度降至 15% ~20% 就可以满足正常打印条件。图 3-4 所示为不同填充密度的打印件。

图 3-4　不同填充密度的打印件

3.1.4　悬空支撑

　　支撑的作用是给悬空或桥梁部分添加支撑材料，防止打印件的塌陷。理论上讲，任何超过 45°的突出物都需要添加支撑材料来辅助完成打印。虽然增加支撑密度可以提高打印成功率，但是打印和去除支撑的过程会浪费很长时间，而且使得附着支撑的模型表面变得更加粗糙。图 3-5 与图 3-6 所示分别为未去除支撑前的模型和去除支撑后的模型。

图 3-5　未去除支撑前的模型　　　　　　　　图 3-6　去除支撑后的模型

3.1.5　STL 格式

　　STL 文件是用于表示三角形网格的一种文件格式，是快速成型制造技术最常用的标准文

件类型。STL 文件由多个三角形面片的定义组成，如图 3-7 所示。每个三角形面片的定义包括三角形各个定点的三维坐标及三角形面片的法矢量。

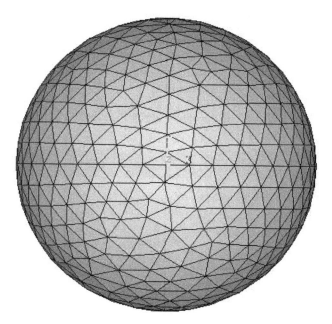

图 3-7　球的三角形网格划分

在 STL 模型广泛应用的快速成型制造技术领域，对 STL 模型数据均需要经过两方面内容的检验才能使用。检验包括 STL 模型的有效性和 STL 模型的封闭性。有效性是指模型是否存在裂隙、孤立边等几何缺陷，封闭性则要求所有 STL 三角形围成一个内外封闭的几何体。

3.2　3D 打印对模型的要求

3.2.1　封闭性模型

封闭的模型可以打印，不封闭的模型不可以打印，这里所谓的封闭性可以通俗地说是"不漏水的"。读者可以借助某些软件进行模型封闭性检测，如 3D Studio Max 的 STL 检测（STL Check）功能，Meshmixer 的自动检测边界功能。当然某些模型修复软件也是能够做到的，如 Magics、Netfabb 等。

为了保证模型打印成功，这里简单介绍使用 AccuTrans 检查模型网格数据是否是"不漏水的"。单击"Tools"→"Check for Water-tight Meshes"命令，自动检测模型封闭性，如图 3-8 所示。

如果读者看到如图 3-9 所示的"OK"，那么就可以进行打印操作；否则，需要返回到 3D 设计软件中检查网格数据是否存在漏洞。

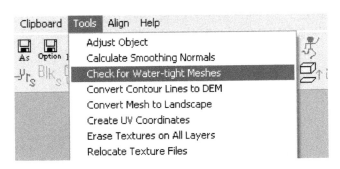

图 3-8　在 AccuTrans 中检查模型是否封闭

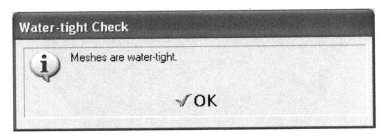

图 3-9　检测结果是封闭的

3. 2. 2　流型模型

如果一个网格数据中存在多个面共享一条边，那么它就是非流型的。例如，两个立方体只有一条共同的边，此边为四个面共享，如图 3-10 所示。

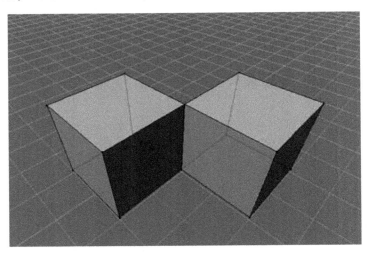

图 3-10　非流型模型

软件 Blender 有一个功能用来判断非流型区域，读者可以在非流型立方体上试用下，如图 3-11 所示。红色框中显示的高亮边表明两个立方体有共用一条边的情况，即模型为非流型的，如图 3-12 所示。

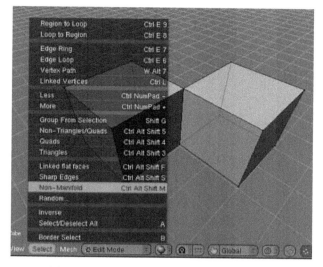

图 3-11　在 Blender 中检测模型是否为流型

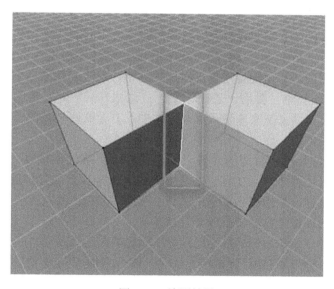

图 3-12　检测结果

3.2.3　实体模型

　　CG 行业的模型通常都是以面片（零厚度）的形式存在的，而现实中的实体模型的厚度值不可能为零。因此，一定要给模型设置一定厚度。增加模型厚度可以在设计模型时加厚，也可以利用其他软件加厚。同时，设计模型时需要考虑打印机能够打印的最小壁厚，否则会出现打印失败或者模型错误警告。通常，在设定模型壁厚时都会考虑喷嘴直径尺寸，喷嘴直径为 0.3mm 或 0.4mm 情况下，最小厚度范围则在 2～3 mm。

3.2.4　正确法向

　　模型中所有的面法线需要指向一个正确的方向。如果模型中包含了错误的法线方向，则

47

可以利用 Magics 软件检测并修复，否则 3D 打印机就不能正确判断模型的内部与外部之分，导致打印无法正常进行。

3.3 模型设计技巧

针对 3D 打印初学者来讲，常常会在模型设计方面遇到匪夷所思的错误，因此掌握下面的模型设计方法和技巧可以有效避免此类问题的发生。

1）打印机属性。明确购买的打印机使用哪种打印耗材、打印尺寸大小、最小打印层厚以及其他性能要求。

2）保存文件时，文件名不要出现中文字体，并且文件名字符最好不超过 30 个字符。

3）设计模型的尺寸需要考虑桌面级 3D 打印机的打印精度极限，细节部分的尺寸最好不小于 1.5mm，而且不能忽略线宽参数的调整，否则桌面级 3D 打印机无法清晰地表现细节设计要求。

4）尽量避免使用支撑材料。虽然支撑用的演算在 3D 技术的发展之中已经较为成熟，但是支撑材料与模型相连接，一旦去除支撑会使得模型表面非常"丑陋"。因此，在设计模型悬空部分时要尽量避免使用支撑材料，这样不仅节省了材料，还缩短了打印时间。

5）记住 45°法则。任何超过 45°的悬空部分都需要额外的支撑材料来辅助完成模型打印。因此，读者需要巧妙的建模技巧将支撑或连结物件融入到模型之中。

6）尽量设计打印底座，善用"老鼠耳朵"。"老鼠耳朵"是一种圆盘状或是圆锥状的模型底座，设计模型时，尽量把底座融入到模型之中。有了底座的帮助，可以有效避免局部翘曲变形、悬空现象的发生。

7）设计活动组件，选择合适的允许公差。要找到正确的连接件公差可能会有些困难，可以按照下面的技巧计算公差：在需要紧密接合的地方（压合或连结物件）预留 0.2mm 的宽度；在较宽松的地方（枢纽或是箱子的盖子）预留 0.4mm 的宽度。只有多次尝试组件的连接情况，才能找到最适合自己模型的允许公差。

8）调整打印方向以求最佳精度，永远以可行的最佳分辨率方向作为模型的打印方向。桌面级 3D 打印机的 XY 轴精度已经被线宽决定，因此只能控制 Z 轴方向的精度。如果模型含有精细的设计，则需要确认模型的打印方向是否有能力打印出细节特征；如果有需要，则可以将模型分割成几个部分进行打印，然后再重新组装。

9）外壳层数的使用。对于某些印有微小文字的模型来讲，多余的外壳层数会让文字变得模糊不清，降低了文字的清晰度。

3.4 习题

1. 填充、支撑的作用是什么？
2. 简述 3D 打印对模型的要求。
3. 简述 3 条模型设计技巧。

主流 3D 打印软件

3D 打印以数字模型文件为基础，因此 3D 模型的获取是打印的基础与前提。除了从共享网站上下载模型外，读者还可以利用三维软件设计需要的模型。3D 模型设计具体分为参数化与 CG 两种方式。参数化设计主要用于将严格标有尺寸的图像进行三维化。常见 CAD 建模软件有 UG、Pro/E、Solidworks、CATIA 等。CG 则指对素描等手绘图案进行立体化设计，常用的 CG 设计软件有 3D Studio Max、Maya、Rhino 等。

4.1 3D 模型设计软件

4.1.1 参数化设计软件——Creo

1. Creo 软件简介

Creo 是美国 PTC 公司于 2010 年 10 月推出的 CAD 设计软件包。Creo 是整合了 PTC 公司的 3 个软件（Pro/Engineer 的参数化技术、CoCreate 的直接建模技术和 ProductView 的三维可视化技术）的新型 CAD 设计软件包，是 PTC 公司闪电计划所推出的第一个产品。

Creo 是一个整合 Pro/Engineer、CoCreate 和 ProductView 三大软件并重新分发的新型 CAD 设计软件包，针对不同的任务应用将采用更为简单化子应用的方式，所有子应用采用统一的文件格式。Creo 的目的在于解决 CAD 系统难用及多 CAD 系统数据共用等问题。

Creo Parametric 是美国参数技术公司（PTC）核心产品 Pro/E 的升级版本，是新一代 Creo 产品系列的参数化建模软件。Creo Parametric 软件以参数化著称，是参数化技术的最早应用者，在目前的三维造型软件领域中占有重要地位。Creo Parametric 作为当今世界机械 CAD/CAM/CAE 领域的新标准而得到业界的认可和推广，是现今主流的 CAD/CAM/CAE 软件之一，特别是在国内产品设计领域占据重要位置。

（1）软件特征

Creo Parametric 第一个提出了参数化设计的概念，并且采用了单一数据库来解决特征的相关性问题。另外，它采用模块化方式，用户可以根据自身的需要进行选择，而不必安装所有模块。Creo Parametric 的基于特征方式能够将设计至生产全过程集成到一起，实现并行工程设计。它不仅可以应用于工作站，而且也可以应用到单机上。Creo Parametric 采用了模块方式，可以分别进行草图绘制、零件制作、装配设计、钣金设计、加工处理等，保证用户可以按照自己的需要进行选择使用。

1）参数化设计：相对于产品而言，用户可以把它看成几何模型，而无论多么复杂的几何模型，都可以分解成有限数量的构成特征，而每一种构成特征，都可以用有限的参数完全约束，这就是参数化的基本概念。但是无法在零件模块下隐藏实体特征。

2）基于特征的参数化建模：Creo Parametric 是基于特征的实体模型化系统，工程设计人员采用具有智能特性的基于特征的功能去生成模型，如腔、壳、倒角及圆角，用户可以随意勾画草图，轻易改变模型。这一功能特性给工程设计者提供了在设计上从未有过的简易和灵活。

3）单一数据库（全相关）：Creo Parametric 是建立在统一基层上的数据库上，不像一些传统的 CAD/CAM 系统建立在多个数据库上。单一数据库就是工程中的资料全部来自一个库，使得每一个独立用户在为一件产品造型而工作，不管它是哪一个部门的。换言之，在整个设计过程的任何一处发生改动，都可以前后反映在整个设计过程的相关环节上。例如，一旦工程详图有改变，NC（数控）工具路径就会自动更新；组装工程图如有任何变动，也完全同样反映在整个三维模型上。这种独特的数据结构与工程设计的完整的结合，使得一件产品的设计结合起来。这一优点，使得设计更优化、成品质量更高、产品能更好地推向市场、价格也更便宜。

（2）界面组成

Creo Parametric 的主窗口包括标题栏、菜单栏、工具栏、导航区、快速访问工具栏、状态栏、图形区、智能过滤器等，如图 4-1 所示。

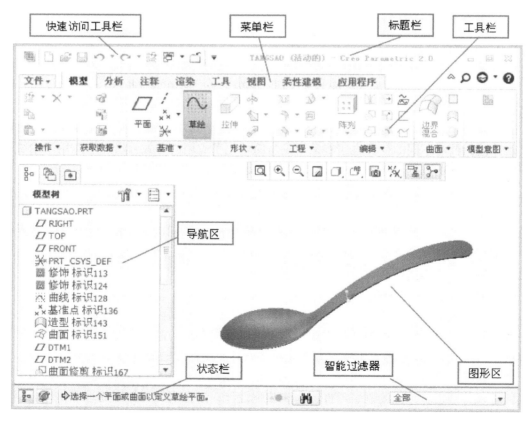

图 4-1　Creo Parametric 的主窗口

（1）标题栏

标题栏上从左到右依次是当前模块的图标、文件名、Creo 的版本号，如图 4-2 所示。标题栏的右侧由右到左依次是"关闭""最大化"和"最小化"窗口，单击"关闭"按钮可以关闭程序，单击"最大化"或"最小化"按钮可以使当前窗口以最大化或最小化方式显示。

TANGSAO（活动的）- Creo Parametric 2.0

图 4-2　Creo Parametric 的标题栏

（2）菜单栏

Creo Parametric 的菜单栏由 9 个下拉式主菜单组成，每个主菜单又有许多菜单项，可以执行相应的命令，如图 4-3 所示。这 9 个主菜单分别是文件、模型、分析、注释、渲染、工具、视图、柔性建模和应用程序。

图 4-3　Creo Parametric 的菜单栏

（3）工具栏

工具栏是常用命令的快捷方式，单击工具按钮可以快速执行相应的命令，如快速访问工具栏（见图 4-4）、基准特征（见图 4-5）、形状特征（见图 4-6）、工程特征（见图 4-7）、编辑特征（见图 4-8）、曲面特征（见图 4-9）及模型意图（见图 4-10）。

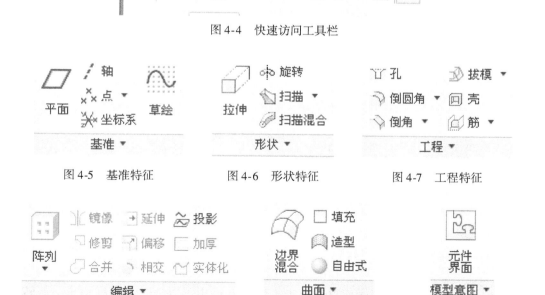

图 4-4　快速访问工具栏

图 4-5　基准特征　　　图 4-6　形状特征　　　图 4-7　工程特征

图 4-8　编辑特征　　　图 4-9　曲面特征　　　图 4-10　模型意图

导航区上面有 3 个工具按钮，分别对应模型树、文件夹浏览器和收藏夹。单击导航区上面的按钮，显示不同方式。图 4-11 所示为导航区中的模型树。

图 4-11 导航区中的模型树

（4）操控板

操控板只有在创建特征时才显示，它代替了许多过去版本中的菜单管理器，使得操作简单明了，如图 4-12 所示。Creo Parametric 更加完善了操控板的功能，这也是 Creo Parametric 以后版本需要继续完善的地方。操控板主要由文本框、上滑面板、消息区和控制区组成。

2. Creo Parametric 创建"白炽灯"模型实例

为了让读者进一步熟悉并掌握 Creo Parametric 的使用，这里以 Creo Parametric 创建"白炽灯"模型为例，详细讲解其操作过程。本实例主要运用了以下一些特征命令：旋转、扫描、倒圆角、阵列。白炽灯模型及模型树如图 4-13 所示。

图 4-12　操控板

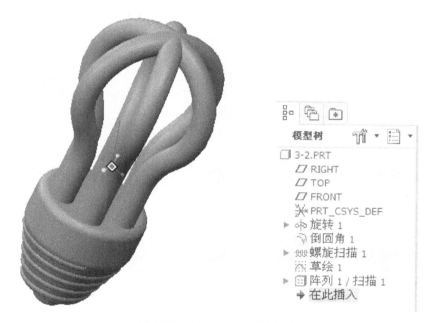

图 4-13　白炽灯模型及模型树

（1）新建零件模型

1）选择"文件"→"新建"命令（或单击"新建"按钮$\square$），系统弹出"新建"对话框。

2）在该对话框的类型选项区中选中"零件"单选按钮。

3）在"名称"文本框中输入文件名"baichideng"。

4）取消选中"使用默认模板"复选框，单击该对话框中的"确定"按钮。

5）在弹出的"新文件选项"对话框的"模板"选项区中，选择 `mmns_part_solid` （单位：毫米）模板，单击该对话框中的"确定"按钮。

（2）创建基础特征——旋转 1

1）选择形状工具栏的"旋转"命令。

2）在弹出的快捷菜单中选择"定义草绘方向"命令，选取 FRONT 基准平面为草绘平面，单击"草绘"按钮。

3）绘制图 4-14 所示的截面草图（要绘制出几何中心线），完成后单击 $\checkmark$ 按钮。

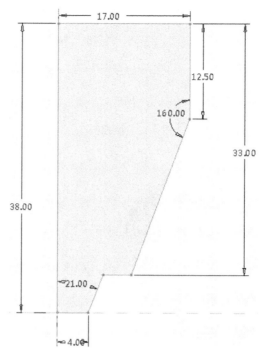

图 4-14　截面草图

4）在操控板中选择"旋转角度"类型 <u>山</u> ▼（即草绘平面以指定的角度值旋转），在"角度"文本框中输入"360"，并按〈Enter〉键。

5）在操控板中单击"预览"按钮 ∞，可预览所创建的旋转特征，单击操控板中的

✔ 按钮，完成特征的创建。

（3）创建倒圆角

选择"倒圆角"命令，选择实体边1，输入半径值：2.5；选择实体边2，输入半径值：5；选择实体边3和4，输入半径值：1.5；选择实体边5，输入半径值：2。单击

✔ 按钮完成倒圆角，如图 4-15 所示。

（4）创建螺旋扫描

1）在"模型"选项卡中单击"扫描"下拉按钮 ▼，在弹出的快捷菜单中选择"螺旋扫描"命令，系统弹出如图 4-16 所示的螺旋扫描操控板。

2）在操控板中确认 <u>□</u> 和 <u>◯</u> 按钮被按下。

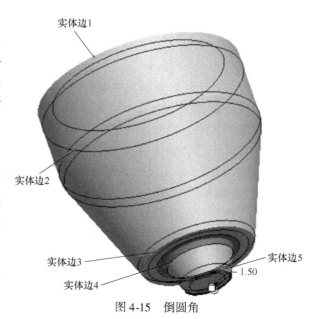

图 4-15　倒圆角

图 4-16　螺旋扫描操控板

3）单击"参考"按钮，在弹出的对话框中单击"定义"按钮，系统弹出草绘对话框，选择 FRONT 面为草绘平面，方向向右，系统进入草绘环境，绘制如图 4-17 所示的螺旋扫描轨迹（提示：一定要创建中心线，否则无法创建扫描特征）。单击"确定"按钮，退出草绘环境。

4）在操控板中的 `4.00` 中输入节距 4.0 并按〈Enter〉键。

5）创建如图 4-18 所示的圆，然后单击 ✔ 按钮，完成螺旋扫描特征的创建如图 4-19 所示。

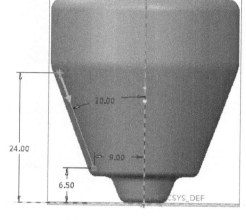

图 4-17　螺旋扫描轨迹

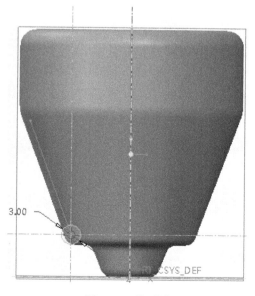

图 4-18　截面圆

图 4-19　螺旋扫描特征

（5）创建扫描特征

1）在"模型"选项卡中单击 基准 ▾ 选项区中的"草绘"按钮 ∿，选择 FRONT 面作为草绘平面，单击 草绘 按钮，进入草绘环境，绘制如图 4-20 所示的轨迹草图，单击√按钮完成草绘。

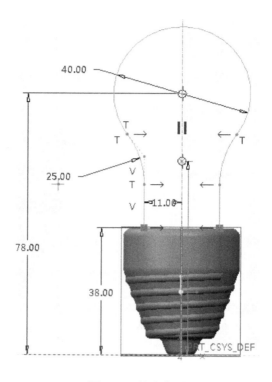

图 4-20　轨迹草图

2）在"模型"选项卡中单击 形状 ▼ 区域中的"扫描"命令，系统弹出如图 4-21 所示的扫描操控板。

图 4-21　扫描操控板

3）确认 □ 和 ├ 按钮被按下，选取图 4-20 所示的轨迹草图为扫描轨迹。单击 按钮进入草绘环境，绘制如图 4-22 的扫描截面尺寸。单击√按钮完成截面绘制，生成如图 4-23 所示的扫描结果。

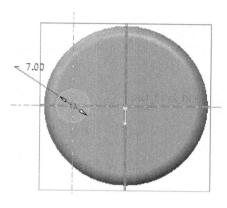

图 4-22　扫描截面尺寸

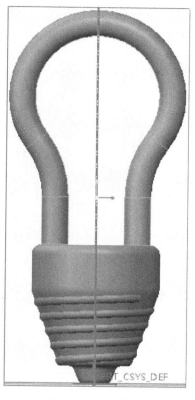

图 4-23　扫描结果

（6）阵列扫描实体

1）在 Creo 主界面左侧的模型树中选择上一步的扫描结果 📎扫描 1，用鼠标右击 📎扫描 1，选择"阵列"命令（另一种方法是选择 📎扫描 1，在"模型"选项卡中选择 编辑 ▾ 选项区中的"阵列"命令 ⊞），弹出如图 4-24 所示的阵列操控板。

图 4-24　阵列操控板

2）单击 选项 按钮，在界面中单击 ▾，选择"常规"选项。

3）单击 尺寸 ▾ 右侧的小箭头，选择 轴，选取中心线，阵列个数为 3，旋转角度为 120°，单击 ✔ 按钮。阵列结果如图 4-25 所示。

（7）保存模型文件

单击"文件"→"另存为"→"保存为副本"命令，在弹出的对话框中的"类型"中选择 Stereolithography (*.stl)，弹出如图 4-26 所示的对话框，单击"确定"按钮，完成 STL 文件的导出。

图 4-25　阵列结果　　　　　　图 4-26　STL 对话框

4.1.2　CG 设计软件——3D Studio Max

1. 3D Studio Max 软件简介

3D Studio Max 是 Discreet 公司（后被 Autodesk 公司合并）开发的，其前身是基于 DOS 操作系统的 3D Studio 系列软件，软件集众多三维动画软件之长，提供了当前常用的造型建模方法及更好的材质渲染功能，是计算机系统上最为流行的三维动画渲染和制作软件之一。图 4-27 所示为应用 3D Studio Max 软件绘图、造型及渲染等高级功能设计的游戏人物。

图 4-27　3D Studio Max 设计的游戏人物（图片来源：千图网）

（1）建模特点

3D Studio Max 软件能够在计算机游戏的动画制作和影视片的特效制作中被广泛应用，正是因为以下 4 个特点：

1）功能强大，扩展性好。建模功能强大，在角色动画方面具备很强的优势。另外，丰富的插件也是其一大亮点。

2）操作简单，容易上手。与强大的功能相比，3D Studio Max 可以说是最容易上手的 3D 软件。

3）和其他相关软件配合流畅。

4）制作出的模型效果生动逼真。

（2）界面组成及作用

启动 3D Studio Max 中文版系统，即可看到如图 4-28 所示的主界面，主要包括以下几个区域：标题栏、菜单栏、主工具栏、视图区、命令面板、视图控制区、动画控制区、信息提示区及状态栏、时间滑块与轨迹栏。

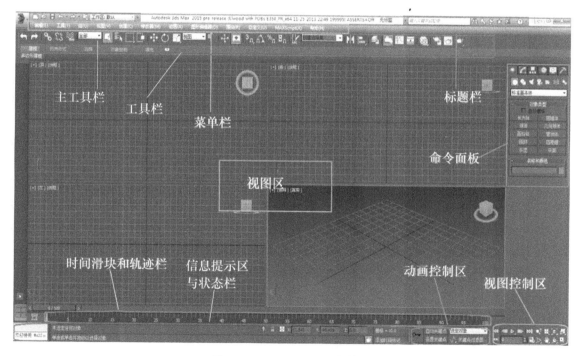

图 4-28　3D Studio Max 主界面

1）标题栏：3D Studio Max 窗口的标题栏用于管理文件和查找信息。

① 应用程序按钮：单击该按钮可以显示文件处理命令的"应用程序"菜单。

② 快速访问工具栏：主要提供用于管理场景文件的常用命令。

③ 信息中心：可用于访问有关 3D Studio Max 和其他 Autodesk 产品的信息。

④ 文档标题栏 <u>无标题</u> ：用于显示 3D Studio Max 文档标题。

2）菜单栏：3D Studio Max 菜单栏（见图 4-29）位于屏幕界面的最上方。菜单中的命令如果带有省略号，表示会弹出相应的对话框，带有小箭头的表示还有下一级菜单。菜单栏中的大多数命令都可以在相应的命令面板、工具栏或快捷菜单中找到，远比在菜单栏中执行命令方便。

图 4-29　菜单栏

3）主工具栏：在 3D Studio Max 菜单栏的下方有一栏工具按钮，称为主工具栏，如图 4-30 所示。通过主工具栏可以快速访问 3D Studio Max 中常见任务的工具和对话框。将鼠标移动到按钮之间的空白处，这时可以拖动鼠标左右滑动主工具栏，以看到隐藏的工具按钮。

图 4-30　主工具栏

在主工具栏中，有些按钮的右下角有一个小三角形标记，这表示该按钮下隐藏其他按钮选择。若不知道命令按钮的名称，则可以将鼠标箭头放置在按钮上停留几秒钟，这样就会出现这个按钮的中文命令提示。

找回丢失的主工具栏方法：单击"自定义"→"显示"→"显示主工具栏"命令，即可显示或关闭主工具栏，也可以按键盘上的〈Alt +6〉组合键进行切换。

4）视图区：视图区（见图 4-31）位于界面的正中央，几乎所有的操作，包括建模、赋予材质、设置灯光等工作都要在此完成。首次打开 3D Studio Max 中文版时，系统默认状态是以 4 个视图的划分方式显示的，它们是顶视图、前视图、左视图和透视视图，其中黄色边框是当前的活动视图。这是标准的划分方式，也是比较通用的划分方式。

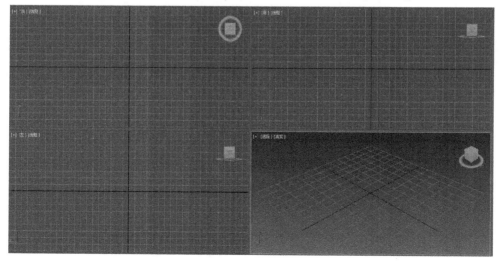

图 4-31　视图区

① 顶视图：显示物体从上往下看到的形态。

② 前视图：显示物体从前向后看到的形态。

③ 左视图：显示物体从左向右看到的形态。

④ 透视视图：一般用于观察物体的形态。

5）命令面板：位于视图区最右侧的是命令面板，如图 4-32 所示。命令面板是核心工作区，也是结构最为复杂、使用最为频繁的部分，集成了 3D Studio Max 中大多数的功能与参数控制项目。在 3D Studio Max 中，创建任何物体或场景主要通过命令面中的某一个命令进行控制。

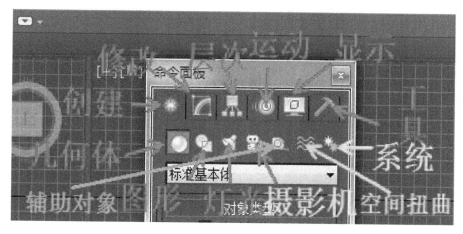

图 4-32　命令面板

6）视图控制区：3D Studio Max 视图控制区位于工作界面的右下角，如图 4-33 所示。视图控制区主要用于调整视图中物体的显示状态，通过缩放、平移、旋转和全屏切换视图等操作达到方便观察的目的。

7）动画控制区：动画控制区的工具主要用来控制动画的设置和播放。动画控制区位于屏幕的下方，如图 4-34 所示。用来滑动动画帧的时间滑块位于 3D Studio Max 视图区的下方。

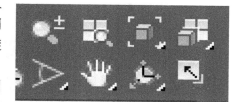

图 4-33　视图控制区

图 4-34　动画控制区

8）信息提示区与状态栏：用于显示 3D Studio Max 视图中物体的操作效果，如移动、旋转坐标以及缩放比例等，如图 4-35 所示。

图 4-35　信息提示区与状态栏

9）时间滑块与轨迹栏：用于设置动画、浏览动画以及设置动画帧数等。

2. 3D Studio Max 创建"菠萝花瓶"模型实例

下面介绍运用 3D Studio Max 创建图 4-36 所示的"菠萝花瓶"模型，建模流程如图 4-37 所示。

图 4-36   "菠萝花瓶"模型

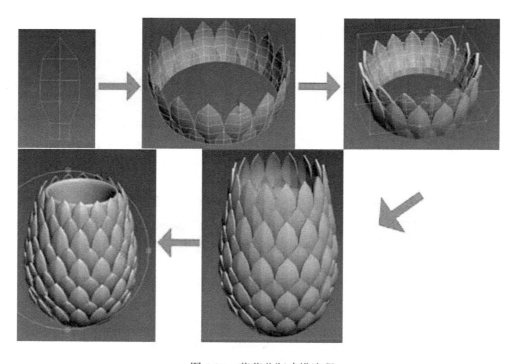

图 4-37   菠萝花瓶建模流程

（1）创建其中一块"菠萝片"

1）使用创建工具中的"平面"命令，创建长度分段为 4、宽度分段为 2 的平面，并转换为可编辑多边形。

2）选中平面上的 3 个顶点，调整每个顶点的位置，执行"塌陷"命令。调整结果如图 4-38 所示。

3）选中底部一边，按住〈Shift〉键往下拖曳，建立小平面。一片完整的"菠萝片"如图 4-39 所示。

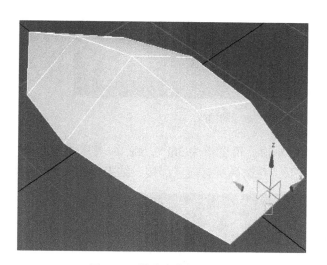

图 4-38　塌陷命令调整结果

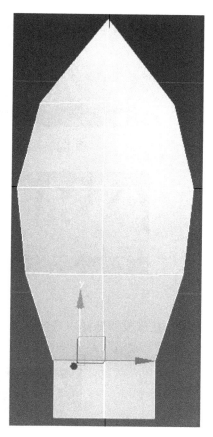

图 4-39　一片完整的"菠萝片"

（2）创建底部"菠萝圈"

1）复制图 4-39 所得片体，选择"附加"命令关联两部分。选择连接的两个顶点，使用"塌陷"命令将两个顶点连接。在面层级依次选择图中的 1、2、3、4、5、6 顶点，创建连接面，如图 4-40 所示。

2）在创建的连接面上连接一条直线，并调节顶点，删除左侧"菠萝片"，结果如图 4-41 所示。

3）复制步骤 2）所得片体，数目设为 15，并将复制所得的 15 块片体与原片体执行"附加"命令，结果如图 4-42 所示。

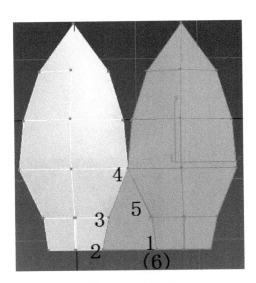

图 4-40　连接面

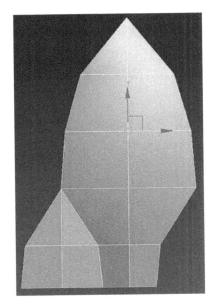

图 4-41　连接面与一块"菠萝片"

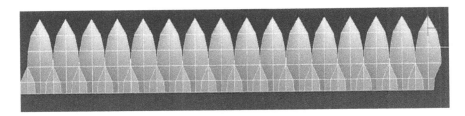

图 4-42　执行"附加"命令的结果

4）在修改器选择"弯曲"命令，方向为 X 轴，角度设为 368°，将 16 块片体弯曲成一圈。使用"塌陷"命令将连接的顶点塌陷一下，并选择所有顶点焊接，结果如图 4-43 所示。

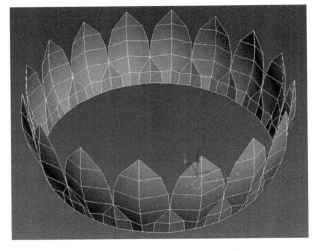

图 4-43　执行"弯曲"命令的结果

5）添加"壳"命令增加片体厚度，厚度值设为 1.5mm，如图 4-44 所示。

图 4-44　增加片体厚度

（3）依次创建其余"菠萝片"圈

1）在"克隆选项"对话框中选中"复制"单选按钮（见图 4-45），复制图 4-44 所示实体，并添加"FFD 2×2×2"命令，将复制得到的实体旋转一定角度，错开"菠萝片"实体，结果如图 4-46 所示。

图 4-45　"克隆选项"对话框

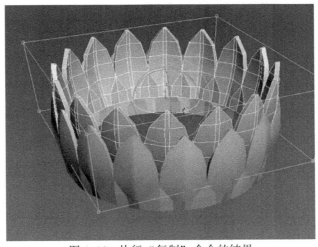

图 4-46　执行"复制"命令的结果

2）执行"缩放"命令，调整"复制"命令所得实体，将"菠萝圈"底部向中心靠拢，顶部往外扩，如图 4-47 所示。

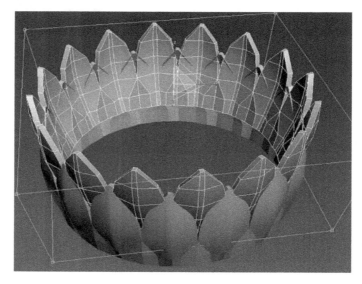

图 4-47　执行"缩放"命令

3）选择并复制已经创建的底部两层"菠萝圈"，共复制得到 9 层"菠萝圈"，结果如图 4-48 所示。

图 4-48　完整"菠萝圈"实体

4）选中图4-48所示"菠萝圈"实体，执行"FFD 4×4×4"命令，如图4-49所示。调整实体，将最上面一层往里缩，底部第二层往外扩，使其更美观，如图4-50所示。

图4-49 执行"FFD 4×4×4"命令

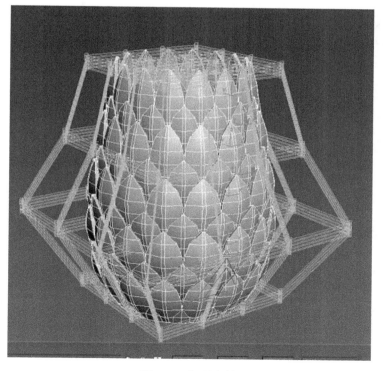

图4-50 调整实体

（4）创建内部圆柱体

单击"圆柱体"命令（见图4-51），对齐方式为中心对齐（见图4-52）。将圆柱体转换为可编辑多边形，删除上下底面并添加"壳"命令。"菠萝花瓶"模型创建完成，如图4-53所示。

图4-51 "圆柱体"命令

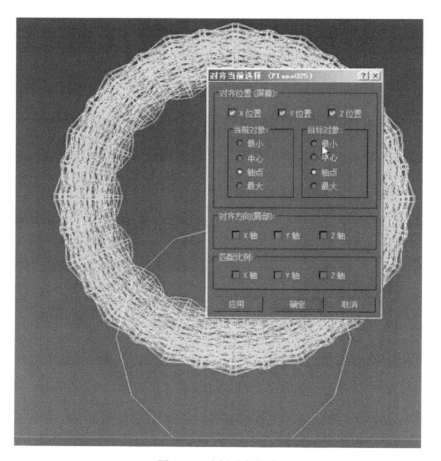

图4-52 选择对齐方式

图 4-53　"菠萝花瓶"模型

4.2　STL 数据编辑与修复软件

利用三维软件设计好的一个模型，在转换成 STL 文件格式的过程中难免会产生缺陷，如三角面缺失、三角面重叠以及无效方向等。这些缺陷都会决定模型是否能够打印成功。

下面以国际象棋中的"马"模型为例，分别按照模型检测修复→添加树枝状支撑→模型分割流程简单介绍 3 款非常实用的 STL 数据编辑与修复软件：Netfabb Studio、Meshmixer 及 Magics。这里介绍的 3 款软件不仅具有修复或分割的功能，还具有网格编辑、软变换和结构分析等高级功能待用户去探索研究。利用 Meshmixer 高级功能中的混搭操作设计完成的拥有一对翅膀的"马"造型，如图 4-54 所示。

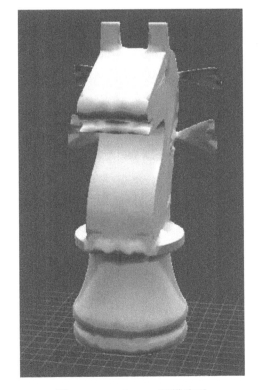

图 4-54　Meshmixer 混搭造型

4.2.1　Netfabb 检测修复功能

Netfabb 检测修复功能的步骤如下：

1）打开 Netfabb 软件，单击 "Project" → "Add part"，导入准备好的 STL 文件，可以看到 Netfabb 主界面，如图 4-55 所示。用户可以从主界面的右下角看到模型的基本信息。

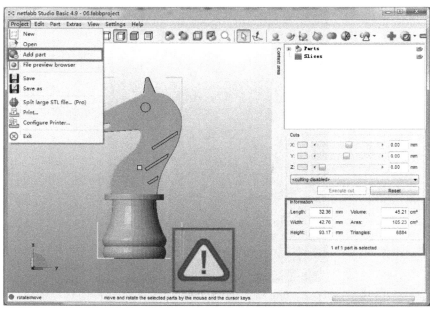

图 4-55　Netfabb 主界面

2）模型显示窗口右下角的红色叹号标志说明模型有缺陷的地方。这时，单击"New a-nalysis（分析）"按钮，软件会用红色显示模型的缺陷部分。

3）单击主界面上的"Repair（修复）"按钮（红十字表示），在弹出的新界面右侧可以看到状态栏，如图 4-56 所示。

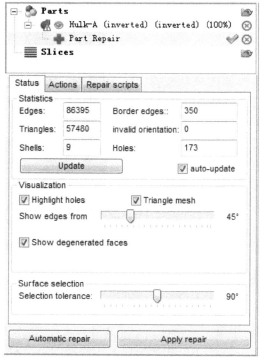

图 4-56　修复错误模型

由图 4-57 可以看到，当前"马"模型的 invalid orientation（无效方向）值为 0、Holes（孔洞）值为 173、Shells（壳壁）值为 9，说明模型的缺陷不是很严重。用户只需要单击左下角的"Automatic repair（自动修复）"按钮，并选择"Default repair（默认修复）"，如图 4-58 所示，再单击"Apply repair（应用修复）"就可以轻松完成修复工作。模型修复后的缺陷状态栏如图 4-59 所示。

图 4-57　模型缺陷状态栏

图 4-58　选择修复模式

图 4-59　修复后的缺陷状态栏

4）单击"Part"按钮，选择"Export Part"子菜单中的"as STL"命令，将修复好的模型导出并保存。

4. 2. 2　Meshmixer 添加树枝状支撑

Meshmixer 添加树枝状支撑的步骤如下：

1）打开 Meshmixer 软件，进入主界面。单击"Import"按钮，导入 Netfabb 软件修复好的"马"模型，如图 4-60 所示。

2）单击主界面左侧的"Analysis（分析）"按钮，选择"Overhangs"命令，进入添加支撑设置栏，如图 4-61 所示。

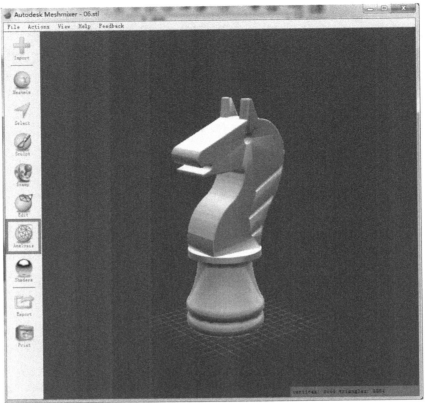

图 4-60　Meshmixer 主界面

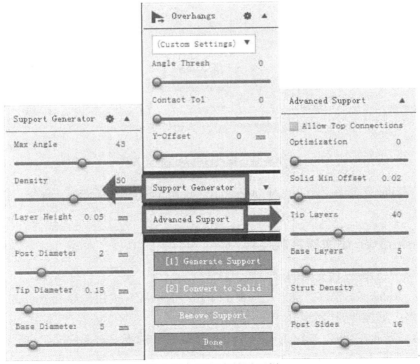

图 4-61　添加支撑设置栏

①　大多数情况下，用户通过单独修改"Over hangs"对话框中的参数就能满足模型添加树枝状支撑的打印要求。

- Angle Thresh：判断需要添加悬空的范围。值越大，代表需要添加支撑的范围越大。
- Y-Offset：一般采用默认设置，除非用户要在模型底部添加支撑来抬高模型位移。

②　在 Support Generator（基础生成设置）中，绝大部分采用默认值就能够达到理想的效果。这里只讲解 Density 和 Tip Diameter 两个较常用的修改设置。

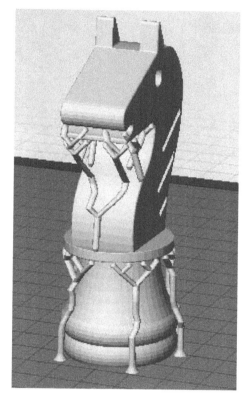

- Density：表示生成支撑的密度。不见得密度越大越好，需要根据模型的复杂度设定。
- Tip Diameter：支撑顶尖面积的大小。值越大，顶尖面积越大，与模型接触的面积也就越大。

③　在 Advanced Support（高级设置）中只讲解两个较常用的设置：Tip Layers 和 Strut Density。

- Tip Layers：设定树枝状支撑与模型接触处的锥化程度。值越大，锥化程度越大，"树枝"变得越细长。
- Strut Density：增加支撑的坚固程度，而不是增加支撑与模型的接触数量。值越大，支撑间的支柱越多，支撑越坚固。

④　参数设置完成后，单击"Generate Support"按钮生成树枝状支撑。如果想要删除局部支撑，则可以按住〈Ctrl〉键再选中要去除的支撑单击鼠标"左键"就能够实现。当然用户也可以单击"Remove Support"按钮，删除全部支撑。删除多余支撑后，就可以单击"Done"按钮。

图 4-62　添加树枝状支撑的马

3）单击主界面左下角的"Export"按钮，导出并保存添加完树枝状支撑的模型。在切片软件中打开保存的模型，如图 4-62 所示。

4.2.3　Magics 切割功能

切割功能最常用在以下两种情况：一是模型尺寸较大，打印时间超长；二是模型支撑太多或不想添加支撑打印。模型切割处理后，用户可以随时打印模型中的某一部分，从而解决此类难题。下面同样以"马"为例，利用 Magics 软件对其进行切割处理。

1）打开 Magics 软件，单击左上角的"加载项目"按钮，选择 STL 格式导入"马"模型，主界面如图 4-63 所示。

2）单击"切割/打孔"按钮，或单击"工具"→"切割/打孔"命令，弹出的"切割"对话框如图 4-64 所示。用户可以分别采用多线段、圆形和截面切割命令切割模型。

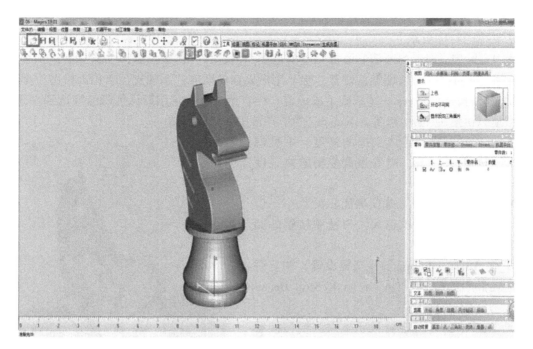

图 4-63　Magics 主界面

图 4-64　"切割"对话框

3）单独采用多线段命令把"马"分割成便于打印的两部分。选中模型，单击"绘制多线段"按钮，把需要切割的部分用多线段封闭起来，再单击"应用"按钮就完成了头部的切割，如图 4-65 所示。其他部分的切割操作原理类似。模型切割完毕后，单击"关闭"按钮，退出"切割"对话框。

4）选中要导出的切割部分，单击主界面左上角的"保存零件"按钮，分别导出并保存。

切割后的模型如图 4-66 所示。接下来用户就可以用"小"打印机打印"大"模型了。

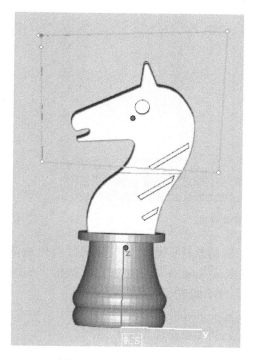

图 4-65　多线段切割模型

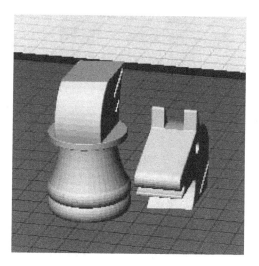

图 4-66　分割后的马

4.3　3D 打印切片软件

目前，最常用的 3D 打印切片软件有 Simplify3D、MakerWare、Cura、Slic3r 和 Repetier-Host。这些切片软件的主要功能是将 STL、OBJ 等格式的文件转换成 3D 打印机可以识别和执行的 GCode 代码，从而让机器按照代码程序进行实体模型的打印。

4.3.1　Simplify3D

Simplify3D 是一款非常实用的 3D 打印软件，其特色功能是多模型打印，且每个模型都可以设置一套独立的打印参数。其他功能也非常强大，具有可自由添加支撑、支持双色打印机、切片速度快、附带多种填充图案、参数设置详细等优点。

1. Simplify3D 的安装

双击 Simplify3D 安装程序进行安装，安装目录可以选择默认模式。Simplify3D 安装界面如图 4-67 所示。

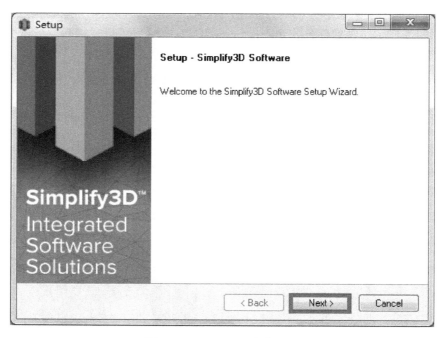

图 4-67　Simplify3D 安装界面

　　Simplify3D 安装完毕后，双击 Simplify3D 图标，启动软件，再输入验证码就可以激活软件。如果读者是第一次安装此软件，软件会弹出"Configuration Assistant"配置框，如图 4-68 所示。从下拉菜单中选择 3D 打印机型号，软件会自动配置相应的参数设置。

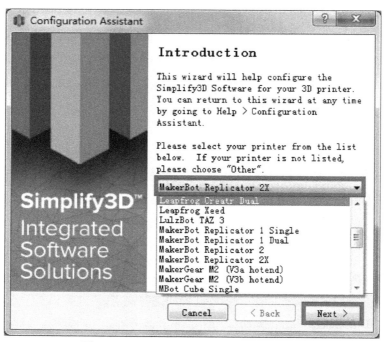

图 4-68　"Configuration Assistant"配置框

2. Simplify3D 界面布局

进入 Simplify3D 软件后，初始界面布局如图 4-69 所示。

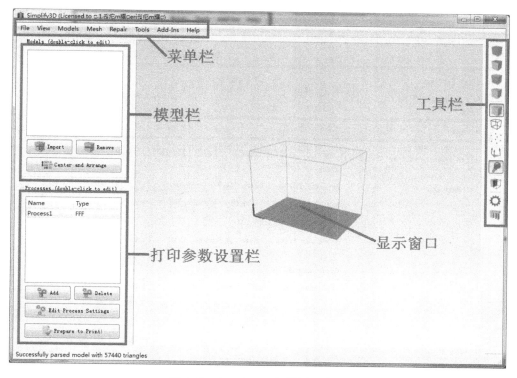

图 4-69 Simplify3D 初始界面布局

1）菜单栏：由 8 个下拉式菜单组成，包括了 Simplify3D 的所有命令，如模型导入/移除、模型修复和固件设置等。用户直接单击菜单选择其中的命令选项，即可启动相应命令。

2）模型栏：用户可以对模型进行导入、移除和居中处理。

3）打印参数设置栏：如果需要对打印效果做参数优化修改，则可以单击 "Edit Process Settings" 按钮，在弹出的 "FFF Settings" 对话框中根据打印机型号进行参数设置，如挤出头、层、填充、支撑和温度等参数，如图 4-70 所示。

4）工具栏：包含快速访问常用工具按钮，主要有视图切换、模型渲染、截面工具、3D 打印机控制面板和支撑设置功能，如图 4-71 所示。

① 视图切换：4 个按钮能够实现模型由默认视图到俯视图、正面视图或侧面视图的快速切换。

② 模型渲染：这些工具控制着模型视图的属性，可以实现模型向线框或点云模型的转变，也可以启用或禁用照明和固体模型的渲染模式，甚至可以显示模型的表面法线。

③ 截面工具：该工具可以从任一个 X、Y、Z 面剖切模型，便于对模型内部结构的预览。

④ 3D 打印机控制面板：单击该按钮，会弹出 "Machine Control Panel" 对话框，如图 4-72 所示。3D 打印机与 Simplify3D 软件连接后，可以通过此软件对 3D 打印机的喷嘴预热、打印平台位置移动、风扇转速等操作进行控制。

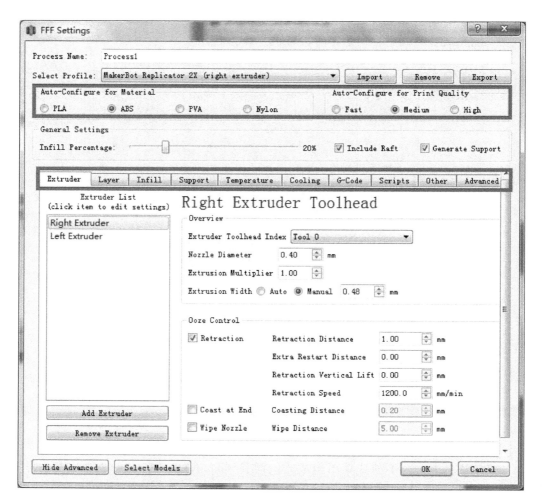

图 4-70   "FFF Settings" 对话框

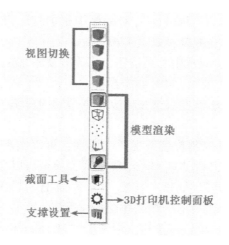

图 4-71   工具栏

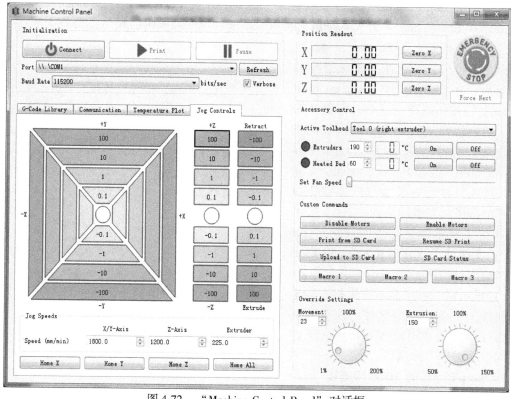

图 4-72　"Machine Control Panel" 对话框

⑤ 支撑设置：此工具属于 Simplify3D 软件的亮点之一，"Support Generation" 对话框如图 4-73 所示。用户可以根据悬空角度手动自由添加或删除多个模型上的不同尺寸的支撑结构，减少后期清理支撑的难度以保证最高的打印质量。

图 4-73　"Support Generation" 对话框

Support Pillar Resolution：表示支撑柱尺寸的大小。支撑柱尺寸越小，支撑柱越密集。

Max Overhang Angle：最大悬空角度表示对小于设定值范围内的模型部分都会添加支撑。最大悬空角度越大，支撑越少，一般设定值范围在 30° ~ 45°。

当支撑柱尺寸的大小和最大悬空角度设定后，单击"Apply based on overhang angle"按钮即可完成自动添加支撑结构。如果认为某些地方自动添加的支撑不合理，则可以单击"Add new support structures"或"Remove existing supports"按钮，然后在要添加或删除支撑的地方单击鼠标左键即可。

图 4-74 所示为悬空角度分别是 20°和 50°，支撑柱尺寸分别是 2 mm 和 4 mm 的支撑结构对比图。

5）显示窗口：是显示三维模型、坐标系和模型处理内容的区域。灰色线框是根据打印机型号模拟实际打印机工作平台大小的虚拟工作区域。

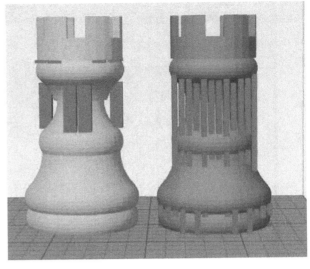

图 4-74　不同悬空角度和支撑柱尺寸的支撑结构对比图

3. Simplify3D 的 3D 打印流程

3D 打印流程可以大体分为四大步骤：模型导入→参数设置→打印预览→模型打印。

（1）模型导入

单击"Import"按钮，导入要打印的模型，如图 4-75 所示。用户也可以拖曳文件到显示窗口，软件会自动将导入的模型置于工作平台中心。

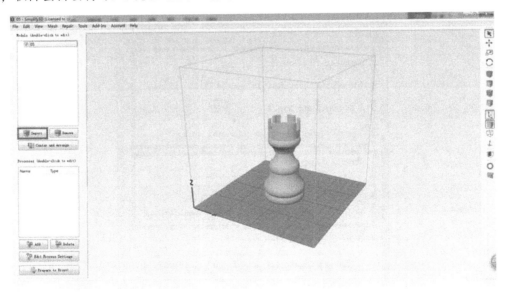

图 4-75　导入模型

双击模型会弹出"Model Settings"对话框，主要是对模型进行移动、缩放及角度调整操作，如图 4-76 所示。

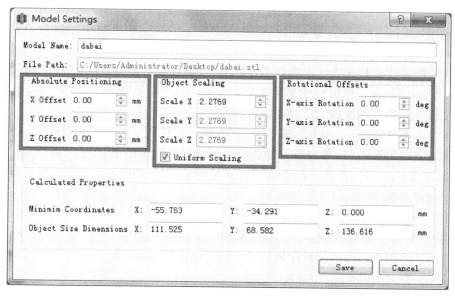

图 4-76　"Model Settings"对话框

1）Absolute Positioning：精确调整模型所在工作平台上的位置。用户也可以按〈Ctrl + 左键〉组合键完成对模型位置的移动。

2）Object Scaling：模型比例大小的缩放。按照 X、Y、Z 方向等比例缩放或者一个方向的比例改变。如果用户不需要精确的比例缩放，那么按〈Ctrl + 右键〉组合键是最好的选择。

3）Rotational Offsets：调整模型的摆放角度，找到最合理的摆放位置。模型正确的摆放位置，不但可以减少不必要支撑的生成，而且大大缩短了打印时间。

（2）参数设置

第一步设置完成后就可以单击左下角的"Edit Process Settings"按钮，打开"FFF Settings"对话框，对打印模型设置相关参数，如图 4-77 所示。

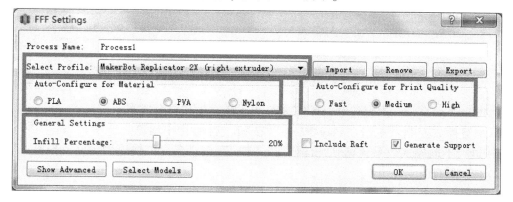

图 4-77　"FFF Settings"对话框

1）Select Profile：允许选择一个预先配置的 3D 打印机配置文件，单击后面的"Import"按钮导入即可。

2）Auto-Configure for Material：根据 3D 打印机的实际情况，选择允许打印的材料类型。

3）Auto-Configure for Print Quality：选择一个合适的打印精度对模型进行打印，有 Fast（快速）、Medium（中等）和 High（高精度）3 个单选按钮可供选择。选择 High（高精度）打印，生成的模型表面较光滑，但会花费更长的打印时间。

4）Infill Percentage：根据模型实际需要实现从 0 的空心填充到 100% 的完全固体填充设置。填充度越大，模型强度越大，打印时间越长。

完成相关参数设置后就可以单击"OK"按钮。在任何时候，用户都可以对列表中的"Process"进行编辑修改。如果想要设置更高级的参数，那么单击"FFF Settings"对话框左下角的"Show Advanced"按钮，便会出现针对挤出头、层、填充、支撑和温度等项目的参数设置框，如图 4-70 所示。

（3）打印预览

Simplify3D 设置完成后，单击界面左下角的"Prepare to Print"按钮，软件会自动完成 STL 文件的切片工作，随即进入打印预览对话框，如图 4-78 所示。

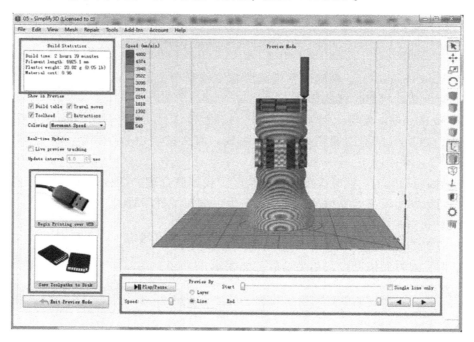

图 4-78　打印预览对话框

1）Build Statistics：内容包括打印完成时间、耗材量和材料成本。

2）预览播放控制：单击"Play/Pause"按钮，启动打印预览。选中"Line"或"Layer"按钮进行不同模式效果预览，"Start"和"End"滚动条允许快速手动完成预览。

（4）模型打印

如图 4-78 所示，开始打印有两种选择：USB 接口连接 3D 打印机打印或选择保存 X3G 格式文件到 SD 卡中进行脱机打印。如果对预览结果满意，就可以开始打印了，打印结果如

图 4-79 所示。

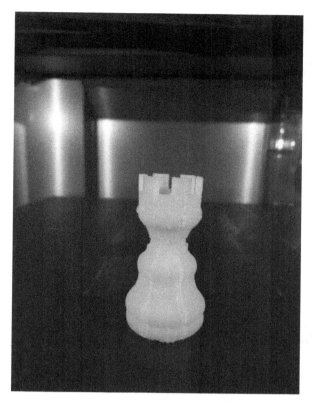

图 4-79 国际象棋 "车" 实体模型

4.3.2 Makerware

MakerWare 软件操作简便,将模型放置在操作面板上,可随意地移动、旋转模型,并且支持高、中、低 3 种精度的打印方式,精度高达 0.1mm。使用 MakerWare 软件,用户可以准备要打印的 OBJ、STL 或 X3G 格式文件,还可以对打印模型设定合理的打印参数。

1. 下载和安装

用户可以登录 http://makerbot.com/makerware,从官网上下载 .exe 或 .dmg 文件并按照指示安装 MakerWare 软件。

2. MakerWare 界面介绍

打开软件,将显示 MakerWare 的主界面,如图 4-80 所示。

1)Home View(默认视图):单击该按钮将构建区域恢复到默认视图。

2)+/-:单击该按钮实现视图的放大和缩小。用户也可以使用鼠标滚轮放大或缩小视图。

3)View(浏览):单击 "View" 按钮,打开 "Change View" 对话框,如图 4-81 所示。用户可以分别从 "Top(顶部)" "Side(侧面)" "Front(正面)" 浏览模型。

4)Move(移动):单击 "Move" 按钮,打开 "Change Position" 对话框,如图 4-82 所示。X:指定左右移动;Y:指定前后移动;Z:指定上下移动。

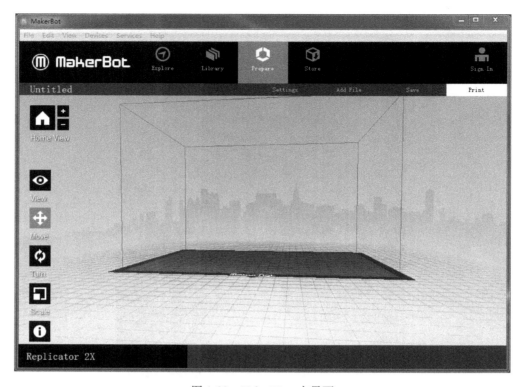

图 4-80　MakerWare 主界面

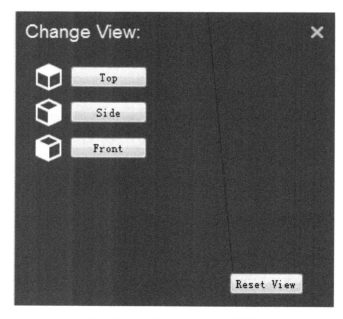

图 4-81　"Change View" 对话框

① On Platform：物体移动到 Z 轴的 0.00mm 处，即将模型放置于平台。
② Center：将物体移动到平台的中心位置。

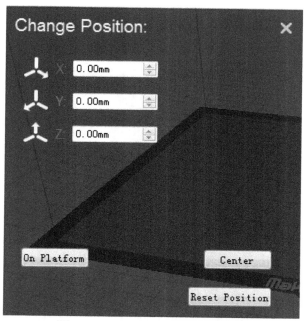

图 4-82　"Change Position" 子菜单

5）Turn（旋转）：单击 "Turn" 按钮，打开 "Change Rotation" 对话框，如图 4-83 所示。X：指定绕 X 轴旋转；Y：指定绕 Y 轴旋转；Z：指定绕 Z 轴旋转。

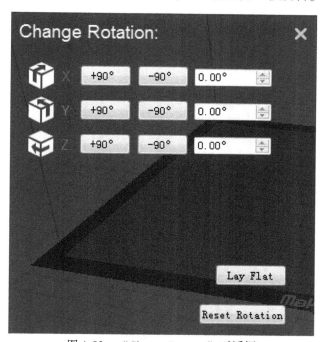

图 4-83　"Change Rotation" 对话框

6）Scale（缩放）：单击 "Scale" 按钮，打开 "Change Dimensions" 对话框，如图 4-84 所示。X：指定 X 轴上的尺寸；Y：指定 Y 轴上的尺寸；Z：指定 Z 轴上的尺寸。

① Uniform scaling：保持均匀缩放物体的比例，即更改一个尺寸，其他两个尺寸将保持

相对大小。

　②Maximum Size：将物体比例变为允许打印的最大尺寸。

　③Inches→mm：模型的英寸单位与毫米单位的转换。

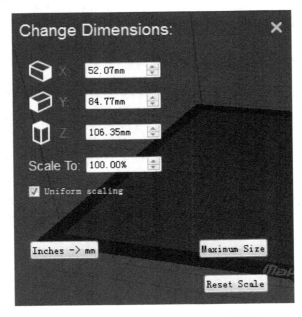

图 4-84　　"Change Dimensions" 对话框

7）Object（物体）：单击"Object"按钮，打开"Object Information"对话框。在"Object Information"子菜单中，用户可以选择使用 Right 和 Left 挤出机打印某个模型，如图 4-85 所示。该按钮只在配有双挤出机的打印机上才可以使用。

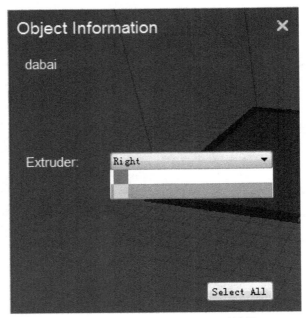

图 4-85　　"Object Information" 对话框

8) Add File（添加文件）：单击该按钮选择添加要打印的 STL 和 OBJ 文件。用户可以根据打印平台的空间大小导入更多数量的模型一起打印。

9) Settings（设置）：单击"Settings"按钮，打开"Print Settings"对话框，如图 4-86 所示。对话框中有 3 组设置参数和 3 项选择标准，设置参数：Quality（打印质量）、Temperature（温度）和 Speed（速度）；选择标准：Resolution（分辨率）、Raft（底座）和 Support（支撑）。

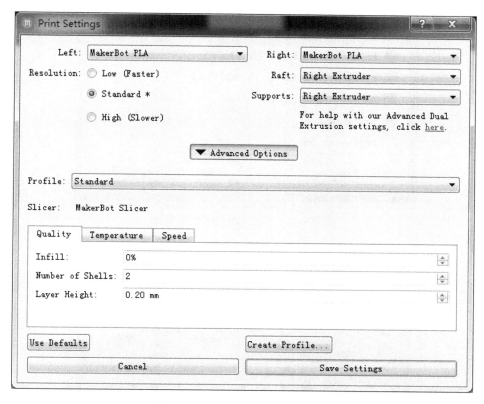

图 4-86 "Print Settings"对话框

① Quality（打印质量）：打印质量中的"Infill"表示填充率，填充率为 0 是空心，填充率为 100% 是实心；"Number of Shells"表示外壳层数，一般设置范围在 2 ~ 4；"Layer Height"表示打印的每层厚度，其中 High（高精度）打印的层厚即为 0.1mm。

② Temperature（温度）：主要是 Extruder（挤出头）和 Build Plate（打印平台）的温度设置。耗材和机器的型号决定了两者的参数设置，如使用 ABS 打印时，Extruder 设置为 230℃，Build Plate 设置为 110℃；而使用 PLA 打印时，Extruder 设置为 200℃，Build Plate 设置为 60℃。

③ Speed（速度）：打印速度主要依据模型的大小和复杂度进行设置。细节度高的模型可以降低打印速度，而简单的大模型可以采用默认速度。

④ Resolution（分辨率/打印精度）、Raft（底座）或 Support（支撑）主要依据模型的性质（细节度、大小、结构）进行选择。如果打印不会发生翘曲，那么 Raft（底座）功能可以选择"off（关闭）"状态。

10）Print（开始打印）：单击该按钮就可以对模型进行切片。切片完成后的对话框如图 4-87 所示。对话框中会显示打印时间、耗材量和分辨率等内容。用户可以单击"Print Preview"按钮进行打印预览，如图 4-88 所示。

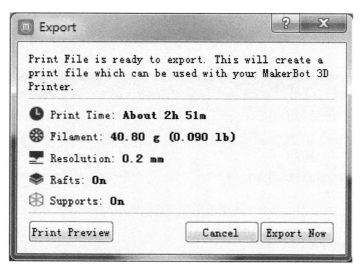

图 4-87　切片完成后的对话框

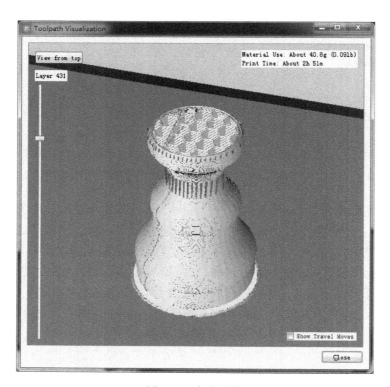

图 4-88　打印预览

11）Save（保存）：用于保存当前文件以供将来使用。

注意，如果希望将切片文件复制到 SD 卡再插入到打印机中进行打印，那么应选择"File"→"Export to a File"命令，并选择 X3G 格式或 GCode 进行保存。

4.3.3　Cura

Cura 是 Ultimaker 公司设计的 3D 打印软件，使用 Python 开发，集成 C＋＋开发的 CuraEngine 作为切片引擎。这款软件以操作简单、入门容易和切片速度快等优点著称，既适合入门级用户，又能够满足技巧性玩家的高端需求。

1. Cura 的安装

1）双击 Cura 安装程序进行默认安装，安装过程结束后，Cura 会自动启动。如果是首次安装，则软件会弹出让用户选择打印机型号的"Configuration Wizard（配置向导）"对话框，如图 4-89 所示。

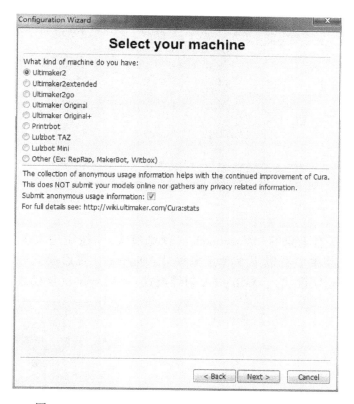

图 4-89　"Configuration Wizard（配置向导）"对话框

2）机型选择完成后，单击"Next"按钮，在弹出的对话框中单击"Finish"按钮，"Configuration Wizard（配置向导）"对话框关闭，弹出 Cura 主界面。主界面分为两个区域：左边为参数设置区，右边为模型显示区，如图 4-90 所示。

2. 模型显示区

（1）模型导入

单击模型显示区左上角的"Load"按钮载入模型。如果要载入多个相同模型，则选中模型后，单击鼠标右键进行复制操作即可。载入完成后，"Load"按钮旁边的"Toolpath to

SD（保存到 SD 卡）" 和 "Share on YouMagine（分享到 YouMagine 网站）" 按钮会变为可用状态，同时会显示打印时间及耗材量，如图 4-91 所示。

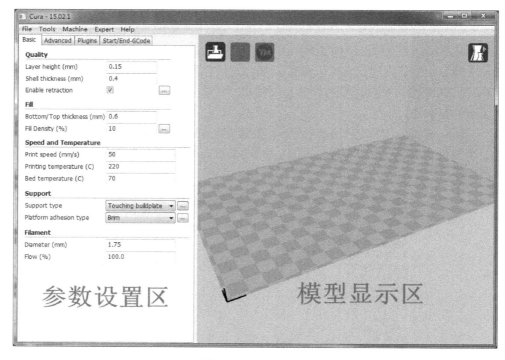

图 4-90　Cura 主界面

（2）模型预览

单击模型显示区右上角的 "View mode（预览模式）" 按钮进入多种预览模式子菜单，如图 4-92 所示。子菜单中有以下 5 种预览模式：Normal（普通模式）、Overhang（悬垂模式）、Transparent（透明模式）、X-Ray（X 射线模式）和 Layers（层模式）。

图 4-91　模型载入后的状态栏

图 4-92　预览模式子菜单

切片完成后，用户只能进入 Layers（层模式）预览打印路径、生成的支撑及底座类型等内容。

单击"Overhang（悬垂模式）"按钮，软件会自动提醒用户变成红色标记的模型悬垂部分是容易打印失败的区域。如有必要，打印前可以通过添加支撑、改变摆放方向或修改模型来解决此类问题。

（3）模型调整

单击模型后，预览区左下角会出现"Rotate（旋转）""Scale（比例）"和"Mirror（镜像）"3 个按钮。它们可以对模型进行简单的角度旋转、缩放和镜像操作。

1）Rotate（旋转）：单击"Rotate（旋转）"按钮，模型周围会出现分别代表沿 X、Y、Z 轴旋转的绿黄红 3 个圆圈。用鼠标左键选中红色圆圈沿 Z 轴以 15°为单位旋转 60°后的效果如图 4-93 所示。用户也可以按住〈Shift +左键〉组合键以 1°为单位进行旋转微调操作。

图 4-93　沿 Z 轴旋转 60°

2）Scale（比例）：单击"Scale（比例）"按钮，拉动出现在模型 X、Y、Z 轴方向上的红绿蓝小正方体就可以缩放模型，如图 4-94 所示。如果用户需要打印精确尺寸模型，那么只能在文本框中填入尺寸数字。

3）Mirror（镜像）：单击"Mirror（镜像）"按钮，能够实现沿 X、Y、Z 轴的镜像操作，方便用户使用。

3. 参数设置区

参数设置区由"Basic（基础设置）"选项卡、"Advanced（高级设置）"选项卡、"Plugins（插件）"选项卡和"Start/End-GCode（开始与结束代码）"选项卡构成。选择不同的机型，Cura 参数设置区会有稍微的改动。例如，下面的 Makerbot Replicator 机型的参数设置区

就比 Ultimaker 参数设置区多了"Start/End-GCode（开始与结束代码）"选项卡，如图 4-95 和图 4-96 所示。

图 4-94　缩放模型

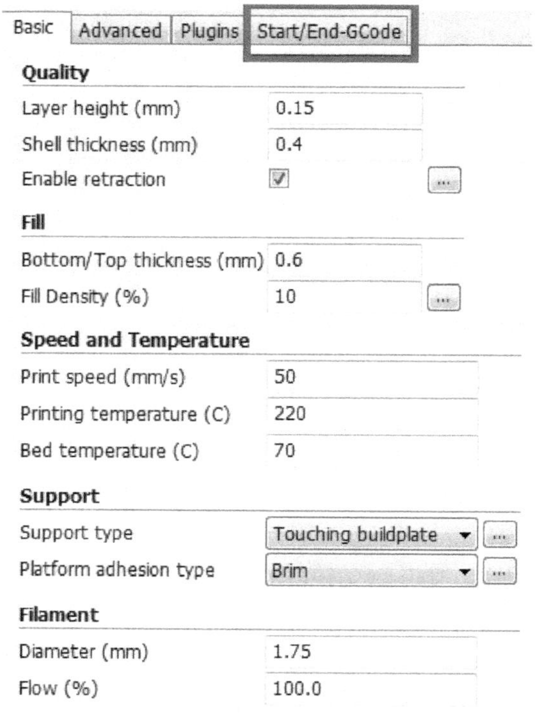

图 4-95　Makerbot Replicator 机型的参数设置区

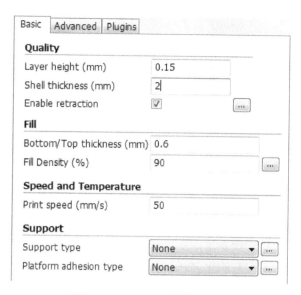

图 4-96　Ultimaker 参数设置区

（1）Basic（基础设置）选项卡

1）Layer height（层高）：切片模型每一层的高度。层高越小，打印时间越长，同时获得模型的表面精度越好。一般来说，最常用的层高分为 0.1mm、0.2mm 和 0.3mm 三个等级。

2）Shell thickness（壁厚）：模型外壳厚度。壁厚尺寸最好不要低于喷嘴直径，并且按照喷嘴直径的整数倍增加壁厚尺寸。

3）Enable retraction（开启回缩）：此功能主要是防止喷嘴经过非打印区时产生拉丝现象。

4）Bottom/Top thickness（底/顶厚度）：与 Shell thickness（壁厚）类似。与 Shell thickness（壁厚）设定值相比，可以适当增加厚度来提高底部/顶部的封闭度和强度。

5）Fill Density（填充率）：填充率直接关系到模型的强度，如果没有特殊要求，一般设定值为 20%。因为填充率越大，打印时间越长，消耗的材料也就越多。

6）Print speed（打印速度）：对于一般的 3D 打印机来说，速度设置为 50～60mm/s 较为合适。打印速度太快会降低每层的接合度，从而影响模型表面的质量。

7）Printing temperature（打印温度）：打印温度需要依据不同的材料而定。

8）Bed temperature（平台温度）：主要功能是减少模型的翘边。

9）Support type（支撑类型）：下拉菜单中有 None（无支撑）、Touching buildplate（接触到平台支撑）和 Everywhere（每处都有支撑）3 个选项。Touching buildplate（接触到平台支撑）是指只会生成与平台接触的支撑。模型悬空部分只有生成支撑才能打印成功，但是生成的支撑不与平台接触，软件也不会在此处添加支撑。如果遇到上面描述的情况，用户只能选择 Everywhere（每处都有支撑）项。两者的区别可以通过图 4-97 和图 4-98 清晰地区分开来。

3D 打印技术基础教程

图 4-97　Touching buildplate（接触到平台支撑）

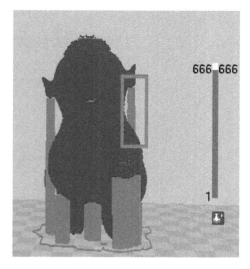

图 4-98　Everywhere（每处都有支撑）

10）Platform adhesion type（附着平台类型）：有 None（无附着）、Brim（边缘型）和 Raft（底盘型）3 个选项，它们的作用是增加与平台的附着面积，减少翘曲发生。Brim（边缘型）是指在模型第一层向周围延伸出一定长度的边缘，模型与平台接触；Raft（底盘型）是指机器先打印一个底盘，然后将底盘作为平台再打印模型。两者同时打印完第 4 层的效果如图 4-99 和图 4-100 所示。

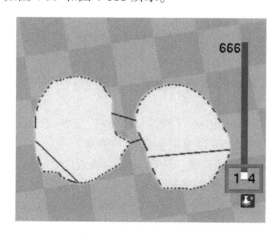

图 4-99　Raft（底盘型）

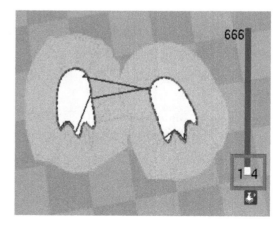

图 4-100　Brim（边缘型）

11）Diameter（直径）：根据机型更改耗材直径。市场上最常见的耗材直径有 1.75mm 和 3mm 两种。

（2）Advanced（高级设置）选项卡

Advanced（高级设置）选项卡主要是对打印机各阶段的运行速度、线宽、回抽等方面进行修改，如图 4-101 所示。其中，Nozzle size（喷头尺寸）是指喷嘴的直径。

1）Retraction（回抽）：主要设置 Speed（回抽速度）和 Distance（回抽距离）。一般情况下，回抽速度的范围在 40 ~ 60mm/s 内，回抽距离范围在 4 ~ 6mm 之间。

Basic | Advanced | Plugins | Start/End-GCode

Machine

Nozzle size (mm)	0.4

Retraction

Speed (mm/s)	40.0
Distance (mm)	4.5

Quality

Initial layer thickness (mm)	0.3
Initial layer line width (%)	100
Cut off object bottom (mm)	0.0
Dual extrusion overlap (mm)	0.15

Speed

Travel speed (mm/s)	150
Bottom layer speed (mm/s)	20
Infill speed (mm/s)	0.0
Top/bottom speed (mm/s)	0.0
Outer shell speed (mm/s)	0.0
Inner shell speed (mm/s)	0.0

Cool

Minimal layer time (sec)	5
Enable cooling fan	✓	...

图 4-101　Advanced（高级设置）选项卡

2）Initial layer thickness（首层厚度）：模型初始层的厚度。为了使模型与平台粘贴牢固，首层厚度会稍微厚一些。

3）Initial layer line width（首层线宽）：与平台接触的首层挤出丝的宽度，此项采用默认值即可。

4）Cut off object bottom（切平模型底部）：主要用于切平模型与平台接触部分，有利于模型与平台的粘合。

5）Dual extrusion overlap（挤出重叠）：用于有两个喷嘴的打印机，为两个喷嘴挤出的热熔丝设定重叠值，从而得到更好的接合质量。

6）Speed（速度）：包括 6 项不同打印速度的设定。

7）Cool（制冷）：用来控制风扇的冷却参数，保持选择机型的配置参数即可。

4. 输出 GCode 代码

单击 "File" → "Save GCode" 命令，选择保存位置后就可以准备下一步的打印工作。

4.4 习题

1. 简述 Creo 软件的界面组成与软件特征。

2. 按照"白炽灯"模型实例练习 Creo 软件的使用。

3. 简述 3D Studio Max 软件的建模特点。

4. 简述 3 条模型设计技巧。

5. 利用创建的"白炽灯"模型进行 Netfabb 检测修复、Meshmixer 添加树枝状支撑及 Magics 切割功能的练习。

6. 利用 Simplify3D、MakerWare 或 Cura 中的一款软件进行"白炽灯"模型的切片处理。

第 **5** 章

逆向工程技术及软件

5.1 逆向工程技术

5.1.1 逆向工程概述

逆向工程是产品设计中的一种流程，广泛应用于计算机仿型、礼品、结构开发等。在瞬息万变的产品市场中，能否快速地生产出合乎市场要求的产品就成为企业成败的关键，而往往我们都会遇到这样的难题，就是客户有一个实物样品或手板模型，没有图纸或 CAD 数据档案，工程人员没法得到准确的尺寸，制造模具就更为繁杂。

传统的复制方法是用立体雕刻机或加工中心制作出 1：1 成等比例的模具，再进行量产。这种方法称为类比式（Analog type）复制，无法建立工件尺寸图档，也无法做任何的外形修改，目前已渐渐为新型数位化的逆向工程系统所取代。

逆向工程也称为反向工程，是由高速三维激光扫描机对已有的样品或模型进行准确、高速的扫描，得到其三维轮廓数据，配合反求软件进行曲向重构，并对重构的曲面进行在线精度分析、评价构造效果，最终生成 IGES 或 STL 数据，据此就能进行快速成型或 CNC 数控加工。IGES 数据可传给一般的 CAD 系统（如 UG、Pro/E 等），进行进一步修改和再设计。另外，也可传给一些 CAM 系统（如 UG、Mastercam、Smartcam 等），做刀具路径设定，产生数控代码，由 CNC 机床将实体加工出来。STL 数据经曲面断层处理后，直接由激光快速成型方式将实体制作出来。

逆向设计流程如图 5-1 所示。

逆向设计流程中主要涉及以下 3 点技术：

1. 数据采集技术

由于相关技术的迅速发展，出现了许多数据采集技术方法。通常数据采集的方式有以下 3 种，分别为接触式、非接触式、破坏式。其中代表性的数据采集设备有三坐标测量仪、激光测量仪、断层扫描仪等。

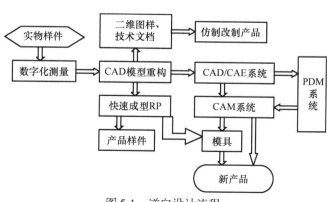

图 5-1 逆向设计流程

2. 数据处理技术

数据处理的关键技术包括多片点云拼合、噪声去除、数据简化、填充孔和去除特征等。

3. 模型重构技术

模型重构是指将一个已有的物理模型或实体零件产生出相应三维立体数据模型的过程，包含物体离散测点的网格化、特征提取、表面分片和曲面生成等。

5.1.2 逆向工程数据采集

在逆向工程中，坐标的数据采集作为逆向工程中的第一个环节，是数据处理和模型重建的基础。如何高效率和高精确度地采集产品外部轮廓的数据是逆向工程研究的一个重要内容。随着科技的发展和时代的进步，数据采集技术也获得了突飞猛进的发展。光波干涉技术，特别是激光技术的实用化使得测量精度提高了 1 ~ 2 个数量级；数字显示技术在测量上得到了充分的应用，提高了读数精度和可靠性；光电摄像技术与计算技术的结合，使得对复杂零件的测量无论是精度还是效率都得到了极大的提高。当前，常用数据测量方法分类如图 5-2 所示。

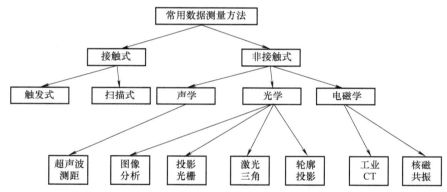

图 5-2　常用数据测量方法分类

数据采集是指通过三维扫描仪和特定的测量方法，将工件的表面形状转化为三维坐标，得到逆向建模所需数据的过程。

三维扫描仪分为接触式三维扫描仪（见图 5-3）和非接触式三维扫描仪（见图 5-4）。其中非接触式三维扫描仪又分为光栅三维扫描仪（也称拍照式三维扫描仪）和激光扫描仪。而光栅三维扫描分为白光扫描或蓝光扫描等，激光扫描又分为点激光扫描、线激光扫描和面激光扫描。

接触式三维扫描仪是一种通用的测量仪器，主要由测头系统、控制系统、数据采集与计算机系统等构成。测量时，将工件置于工作台上，由机器运动系统带动测头，对测量空间进行瞄准，当瞄准成功时，测头发出读数信号，通过测量系统得到测量点的三维坐

图 5-3　接触式三维扫描仪

标，通过这些得到的三维坐标，经过数学计算求出待测工件的几何尺寸和相对位置关系。

非接触式三维扫描仪是借着扫描技术来测量工件的尺寸及形状等工作的一种仪器。扫描仪必须采用一个稳定度及精度良好的旋转电动机，当光束打（射）到由电动机所带动的多面棱规反射而形成扫描光束。由于多面棱规位于扫描透镜的前焦面上并均匀旋转，使光束对反射镜而言，其入射角相对地连续性改变，因而反射角也做连续性改变，经由扫描透镜的作用形成一平行且连续由上而下的扫描线。其中，以非接触三维扫描方式工作的光栅三维扫描仪采用的是白光光栅扫描，全自动拼接，具有高效率、高精度、高寿命、高解析度等优点，特别适用于复杂自由曲面逆向建模。

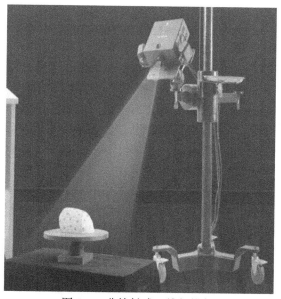

图 5-4　非接触式三维扫描仪

光栅三维扫描仪（见图 5-5）主要由光栅投影设备及多个工业级的 CCD 摄像机所构成，由光栅投影在待测物上，并加以粗细变化及位移，配合 CCD 摄像机将所撷取的数字影像透过计算机运算处理，即可得知待测物的实际 3D 外型。

光栅三维扫描仪采用非接触白光技术，避免对物体表面的接触，可以测量各种材料的模型，测量过程中被测物体可以任意翻转和移动，对物件进行多个视角的测量，系统进行全自动拼接，轻松实现物体 360°高精度测量，并且能够在获取表面三维数据的同时，迅速地获取纹理信息，得到逼真的物体外形，能快速地应用于制造行业的扫描。

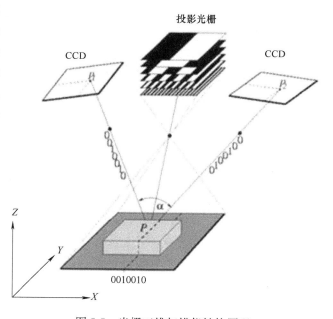

图 5-5　光栅三维扫描仪结构原理

5.1.3　逆向工程软件

1. Imageware

Imageware 由美国 EDS 公司出品，正被广泛应用于汽车、航空、航天、消费家电、模具、计算机零部件等设计与制造领域。

Imageware 处理数据的流程遵循点—曲线—曲面原则，流程简单清晰，软件易于使用。其流程如下：

（1）点过程

1）读入点阵数据。Imageware 可以接收几乎所有的三坐标测量数据，此外还可以接收其他格式，如 STL、VDA 等。

2）对齐分离的点阵。有时候由于零件形状复杂，一次扫描无法获得全部的数据，或是零件较大无法一次扫描完成，这就需要移动或旋转零件，这样会得到很多单独的点阵。Imageware 可以利用诸如圆柱面、球面、平面等特殊的点信息将点阵准确对齐。

3）对点阵进行判断，去除噪声点（即测量误差点）。由于受到测量工具及测量方式的限制，有时会出现一些噪声点，Imageware 有很多工具来对点阵进行判断并去掉噪声点，以保证结果的准确性。

4）通过可视化点阵观察和判断，规划如何创建曲面。一个零件是由很多单独的曲面构成的，对于每一个曲面，可根据特性判断用什么方式来构成。例如，如果曲面可以直接由点的网格生成，就可以考虑直接采用这一片点阵；如果曲面需要采用多段曲线蒙皮，就可以考虑截取点的分段。提前做出规划，可以避免以后走弯路。

5）根据需要创建点的网格或点的分段。Imageware 能提供很多种生成点的网格和点的分段工具，这些工具使用起来灵活方便，还可以一次生成多个点的分段。

（2）曲线创建过程

1）判断和决定生成哪种类型的曲线。曲线可以是精确通过点阵的，也可以是很光顺的（捕捉点阵代表的曲线主要形状），或介于两者之间。

2）创建曲线。根据需要创建曲线，可以改变控制点的数目来调整曲线。控制点增多，则形状吻合度好；控制点减少，则曲线较为光顺。

3）诊断和修改曲线。Imageware 提供很多工具来调整和修改曲线，可以通过曲线的曲率来判断曲线的光顺性，可以检查曲线与点阵的吻合性，还可以改变曲线与其他曲线的连续性（连接、相切、曲率连续）。

（3）曲面创建过程

1）决定生成哪种曲面。同曲线一样，可以考虑生成更准确的曲面、更光顺的曲面，或两者兼顾，可根据产品设计需要来决定。

2）创建曲面。创建曲面的方法很多，可以用点阵直接生成曲面，可以用曲线通过蒙皮、扫掠、四个边界线等方法生成曲面，也可以结合点阵和曲线的信息来创建曲面，还可以通过圆角、过桥面等生成曲面。

3）诊断和修改曲面。比较曲面与点阵的吻合程度，检查曲面的光顺性及与其他曲面的连续性，同时可以进行修改，如可以让曲面与点阵对齐，可以调整曲面的控制点让曲面更光顺，或对曲面进行重构等处理。

2. Geomagic Studio

由美国 Raindrop 公司出品的逆向工程和三维检测软件 Geomagic Studio 可轻易地从扫描所得的点云数据创建出完美的多边形模型和网格，并可自动转换为 NURBS 曲面。Geomagic Studio 主要包括 Qualify、Shape、Wrap、Decimate、Capture 5 个模块。

3. CopyCAD

CopyCAD 是由英国 DELCAM 公司出品的功能强大的逆向工程系统软件，它能从已存在的零件或实体模型中产生三维 CAD 模型。该软件为来自数字化数据的 CAD 曲面的产生提供

了复杂的工具。CopyCAD 能够接收来自坐标测量机床的数据，同时跟踪机床和激光扫描器。

CopyCAD 简单的用户界面允许用户在尽可能短的时间内进行生产，并且能够快速掌握其功能，即使对于初次使用者也能做到这点。使用 CopyCAD 的用户将能够快速编辑数字化数据，产生具有高质量的复杂曲面。该软件系统可以完全控制曲面边界的选取，然后根据设定的公差自动产生光滑的多块曲面，同时，CopyCAD 还能够确保连接曲面之间的正切的连续性。

4. RapidForm

RapidForm 是韩国 INUS 公司出品的全球四大逆向工程软件之一。RapidForm 提供了新一代运算模式，可实时将点云数据运算出无接缝的多边形曲面，使它成为 3D Scan 后处理之最佳化的接口。使用 RapidForm 软件，将会提高工作效率，使 3D 扫描设备的运用范围扩大，改善扫描品质。

1）多点云数据管理界面。高级光学 3D 扫描仪会产生大量的数据，由于数据非常庞大，因此需要昂贵的计算机硬件才可以运算，现在 RapidForm 提供的记忆管理技术可以缩短处理数据的时间。

2）多点云处理技术。可以迅速处理庞大的点云数据，不论是稀疏的点云，还是跳点都可以轻易地转换成非常好的点云。RapidForm 提供过滤点云工具以及分析表面偏差的技术来消除 3D 扫描仪所产生的不良点云。

3）快速点云转换成多边形曲面的计算法。在所有逆向工程软件中，RapidForm 提供了一个特别的计算技术，针对 3D 及 2D 处理是同类型计算，软件提供了一个最快、最可靠的计算方法，可以将点云快速计算出多边形曲面。RapidForm 能处理无顺序排列的点数据以及有顺序排列的点数据。

4）彩色点云数据处理。RapidForm 支持彩色 3D 扫描仪，可以生成最佳化的多边形，并将颜色信息映像在多边形模型中。在曲面设计过程中，颜色信息将完整保存，也可以运用 RP 成型机制作出有颜色信息的模型。RapidForm 也提供上色功能，通过实时上色编辑工具，使用者可以直接对模型编辑自己喜欢的颜色。

5）点云合并功能。多个点扫描数据有可能经手动方式将特殊的点云加以合并。

5.1.4　逆向工程应用领域

实体逆向工程的需求主要有以下两个方面：一方面，作为研究对象，产品实物是面向消费市场最广、最多的一类设计成果，也是最容易获得的研究对象；另一方面，在产品开发和制造过程中，虽已广泛使用了计算机几何造型技术，但是依然有部分产品因为某些原因，开始时并非由计算机辅助设计模型描述的，设计和制造人士面对的是实物样件。为了适应先进的制造技术的发展，需要通过某些手段进行数据化处理转化为 CAD 模型，再利用 CAM、RPM、RT、PDM、CIMS 等先进技术对其进行处理或管理。下面来了解逆向工程在哪些领域得到了广泛的应用。

1）由于某些原因，在只有产品或产品的工装，没有图样和 CAD 模型的情况下，需要对产品进行有限分析、加工、模具制造或者需要对产品进行修改等等，这时就需要利用逆向工程手段将实物转化为 CAD 模型。

2）逆向工程的另一类重要应用是对外形美学要求较高的零部件设计。例如，在汽车的外形设计阶段是很难用现有的 CAD 软件完成的，通常都需要制作外形的油泥模型（见图 5-6），再用逆向工程的方法生成 CAD 模型（见图 5-7）。

图 5-6　车壳油泥模型（图片来源：华朗三维）

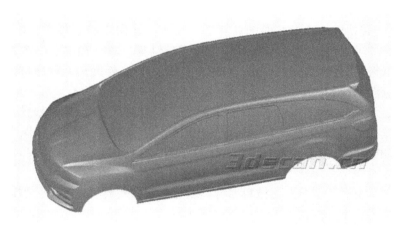

图 5-7　车壳 CAD 模型（图片来源：华朗三维）

3）将逆向工程和快速原型制造（RPM）相结合，组成产品设计、制造、检测、修改的闭环系统，实现快速的测量、设计、制造、再测量修改的反复迭代，高效率完成产品的初始设计。

4）逆向工程的另一个重要应用就是计算机辅助检测。企业在进行质量控制时，对于外形复杂的产品检测往往非常困难，这时使用逆向工程的方法对产品进行测量，并把测量到的大量数据点与理论模型进行比较，从而分析产品制造误差，如图 5-8 所示。

5）逆向工程在医学、地理信息和影视业等领域都有很广泛的应用。例如，影视特技制作需要将演员、道具等的立体模型输入计算机，才能用动画软件对其进行三维动画特技处理。在医学领域，逆向工程也有其应用价值，如人工关节模型的建立，医学假体的设计、制造，牙齿的修改、校正等。

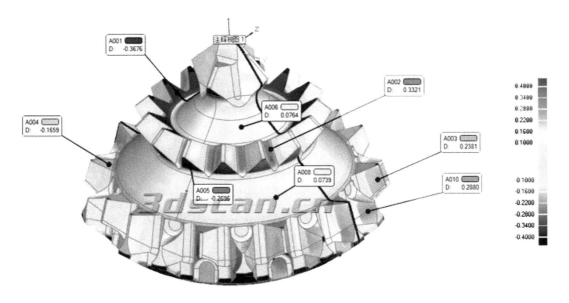

图 5-8　与理论模型对比检测数据

6）损坏或磨损零件的还原。当零件损坏或磨损时，可以直接采用逆向工程的方法重构出 CAD 模型，对损坏的零件表面进行还原和补修。由于被检测零件表面磨损、损坏等原因，会造成测量误差，这就要求逆向工程系统具有推理和判断能力。例如，对称性、标准尺寸、平面间的平行和垂直等特性。

7）数字化模型检测：对加工后的零件进行扫描测量，再利用反逆向工程法构造出 CAD 模型，通过将模型与原始设计的 CAD 模型在计算机上进行数据比较，可以检测制造误差，提高检测精度。

8）其他应用：在汽车、航天、制鞋、模具和消费性电子产品等制造行业，甚至在休闲娱乐行业也可发现逆向工程的痕迹。

5.2　逆向工程软件 Geomagic Studio

5.2.1　Geomagic Studio 软件简介

Geomagic Studio 是美国 Geomagic 公司旗下的一款应用较为广泛的逆向成型软件，可以根据扫描实物得到的点云准确创建出符合实物的多边形网格和曲面，进行实物产品的模型重构。

1. Geomagic Studio 逆向建模的处理流程

Geomagic Studio 软件完成一个实物模型的曲面重建主要经过以下 3 个阶段的处理：点阶段处理、多边形阶段处理和曲面阶段处理。首先将扫描实物得到的杂乱点云数据经过点阶段的处理，减少点云的数目并去除多余的或错误的数据，封装成三角面；再经过多边形阶段的处理，进行填充孔、松弛打磨、简化等操作，以提高模型的质量；最后经过曲面阶段的处理，生成理想的曲面模型。基于 Geomagic Studio 逆向建模的处理流程如图 5-9 所示。

3D 打印技术基础教程

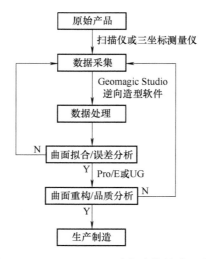

图 5-9　Geomagic Studio 逆向建模的处理流程

2. Geomagic Studio 的工作界面

启动 Geomagic Studio 软件，可以看到软件的工作界面主要分为工具栏、管理器面板、视窗、状态栏及进度条、坐标系等几个主要的部分，如图 5-10 所示。

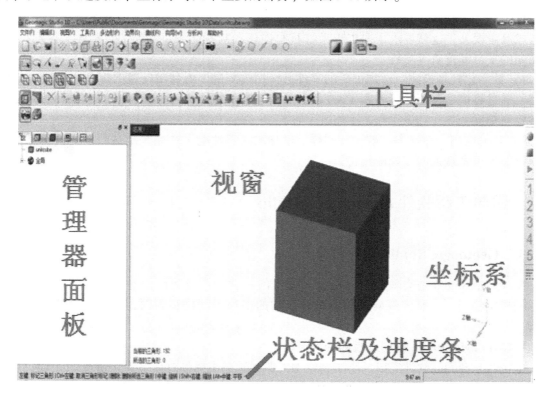

图 5-10　Geomagic Studio 的工作界面

1）工具栏：显示模型操作的常用工具。

2）管理器面板：用来控制工作界面的不同项目。

3）视窗：显示当前所操作的模型对象。

4）状态栏及进度条：提供用户正在执行的任务并提示相关操作信息。

5）坐标系：显示模型的当前位置。

3. Geomagic Studio 软件的主要操作指令

在 Geomagic Studio 软件中进行模型的操作需要使用三键的鼠标，对模型进行旋转、缩放、平移、选取等操作。

1）旋转模型：按住鼠标中键（即滑轮）并移动鼠标。

2）缩放模型：滚动鼠标的滑轮。

3）平移模型：按住〈Alt + 鼠标中键〉并移动鼠标。

Geomagic Studio 软件的常用快捷键指令见表 5-1。

表 5-1 Geomagic Studio 软件的常用快捷键指令

快 捷 键	指 令
Ctrl + N	新建项目
Ctrl + O	打开项目
Ctrl + C	取消选择
Ctrl + T	矩形框选取
Ctrl + S	保存项目
Ctrl + Z	撤销操作
Ctrl + Y	重复操作
Ctrl + D	拟合模型到视窗
Ctrl + P	画笔选取
Esc	中断操作
空格键	下一步
Alt + 4	显示所有特征
Alt + 5	隐藏所有特征

5.2.2 Geomagic Studio 点阶段处理

扫描实物后得到的点云数据只有经过逆向造型软件的点阶段处理，去除杂乱的、多余的数据点，并将点云数据进行注册处理，才能得到一个完整的点云数据，通过点的合并功能将模型的点云数据转换成多边形网格数据模型。

Geomagic Studio 软件可以打开多种存储格式的扫描点云数据文件，如 WRP、GPD、ASC 等，也可以存储各种行业常用的造型软件的标准文件格式，如 STL、IGES、STEP 等。在扫描实物过程中，如果不能一次性获取完整的扫描点云数据，则需要分区扫描得到多片点云，经注册处理将其合并成一个完整的点云数据。

根据一个点云编辑的应用实例，学习 Geomagic Studio 在点阶段的基础点云操作指令，操作步骤如下：

1. 打开素材文件

启动软件 Geomagic Studio 后，打开点云文件"latch – scan. wrp"，在视窗中显示点云数据，如图 5-11 所示。

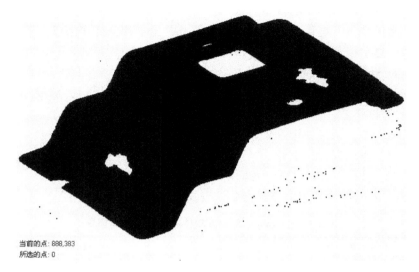

当前的点：888,383
所选的点：0

图 5-11　原始点云数据

2. 将点云着色

单击"视图"→"着色"→"着色点"命令，系统将自动将点云着色，如图 5-12 所示。

图 5-12　点云着色

3. 删除非连接点云

单击"编辑"→"选择"→"非连接项"命令或单击██按钮，弹出"选择非连接项"对话框，设置"分隔"为低、尺寸为"5.0"，单击"确定"按钮。模型中偏离主点云的非连接点云加红显示，按〈Delete〉键进行删除。

4. 删除体外孤点

单击"编辑"→"选择"→"体外孤点"命令或单击██按钮，弹出"选择体外孤点"

对话框，设置"敏感度"为"80"，单击"确定"按钮。被选择的体外孤点加红显示，按〈Delete〉键进行删除。

5. 减少噪声

单击"点"→"减少噪声"命令或单击 按钮，弹出"减少噪声"对话框，参数设置如图 5-13 所示。单击"预览"按钮，在点云模型选取某些区域，如图 5-14 所示；调节"平滑级别"适中，使所选区域变得光滑，如图 5-15 所示。单击"确定"按钮，完成减少噪声操作。

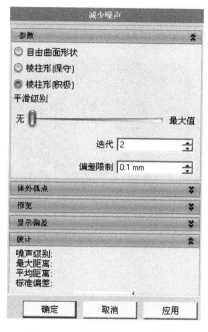

图 5-13　"减少噪声"对话框

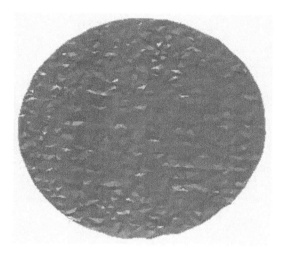

图 5-14　小区域放大

图 5-15　小区域平滑

6. 统一采样

单击"点"→"统一采样"命令或单击 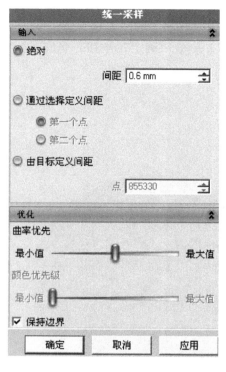 按钮,弹出"统一采样"对话框,参数设置如图 5-16 所示。单击"应用"按钮,模型的点云数目减少至 112589,如图 5-17 所示。

图 5-16   "统一采样"对话框   图 5-17   统一采样后的点云

7. 封装

单击"点"→"封装"命令或单击 按钮,弹出"统一采样"对话框,直接单击"确定"按钮,点云数据模型会转换为三角面,且三角形数目为 223977,如图 5-18 所示。

图 5-18   模型封装

8. 保存文件

选择"另存为"命令，在弹出的对话框中输入"latch-scan-01. wrp"文件名，保存文件。

5.2.3　Geomagic Studio 多边形阶段处理

模型的点云数据经封装处理后生成的三角形数据需要经过 Geomagic Studio 多边形阶段处理，主要操作包括填充孔、去除特征、编辑边界、砂纸打磨、松弛、简化等。

下面介绍 Geomagic Studio 在多边形阶段的基础操作指令，操作步骤如下：

1. 打开素材文件

启动软件 Geomagic Studio 后，打开"latch-scan-01. wrp"文件。

2. 隐藏点云，显示多边形模型

Geomagic Studio 视窗中同时显示灰色的点云数据和蓝色的三角形数据，在左侧的管理器面板中选中并右击 latch-scan 图标，在弹出的快捷菜单中选择"隐藏"选项，隐藏点云数据和三角形数据，此时视窗中只显示多边形模型。

3. 创建流型

单击"多边形"→"创建流型"→"打开"命令，通过创建一个打开的流型来删除模型中的非流型三角形。

4. 填充孔

单击"多边形"→"填充孔"命令，弹出"填充孔"对话框，进行封闭孔和边界孔的填充，如图 5-19 所示。

图 5-19　填充孔

5. 删除不规则边界，进行填充孔

单击"编辑"→"选择"→"边界"命令，弹出"选择边界"对话框，如图 5-20 所示。由于模型在扫描时会产生一些边界不规整的孔，若直接进行填充孔命令，生成的平面则不平滑。按照图 5-21 所示，选择模型中边界不规整的孔，单击"扩展"命令，将不规整的

边界全部选中，单击"确定"按钮。按〈Delete〉键将加红显示的不规整边界进行删除。执行填充孔命令，将已删除不规整边界的孔进行填充。

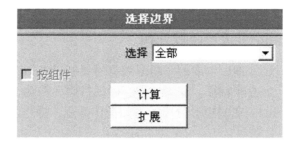

图 5-20 "选择边界"对话框

图 5-21 扩展选择不规整边界

6. 去除特征

单击"定制区域模式"按钮，在模型表面选取需要去除的特征，然后单击"多边形"→"去除特征"或单击按钮，去除模型表面上的粗糙特征或不规则区域，系统将自动生成光滑的表面，如图 5-22 所示。按〈Ctrl + C〉键取消选择。

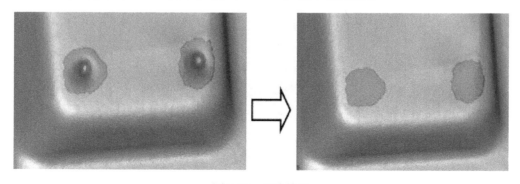

图 5-22 去除特征

7. 砂纸打磨

单击"多边形"→"砂纸"命令或单击按钮，弹出"砂纸"对话框。选择"松弛"

项来调节强度值的大小，选中"固定边界"复选框，按住鼠标左键在模型表面进行左右打磨，可以使模型表面的不规则三角形凸起变得更光滑。

8. 编辑边界

单击"边界"→"编辑"命令或单击  按钮，弹出"编辑边界"对话框。先从"部分边界"再到"整个边界"：选中"部分边界"复选框，在边界上单击两点，再点击两点中间的部分；选中"整个边界"复选框，单击整个圆的边界，"控制点"项设为原来的1/3，单击"确定"按钮，可将锯齿状的边界变得相对平滑，如图 5-23 所示。

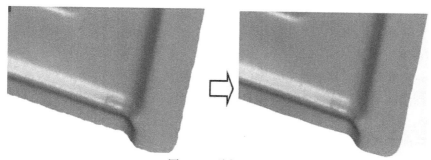

图 5-23　编辑边界

9. 简化

单击"多边形"→"简化"命令或单击 按钮，弹出"简化多边形"对话框，减少模式选为"三角形计数"，"减少百分比"设置为"60%"，选中"固定边界"复选框，单击"确定"按钮，可以简化多边形，减少模型的数据量。

10. 松弛多边形

单击"多边形"→"松弛"命令或单击 按钮，弹出"松弛多边形"对话框，设置"平滑级别"为中度、"强度"为最小，选中"固定边界"复选框，单击"确定"按钮，可以使整个模型的三角形变得更加光滑。

11. 保存文件

选择"另存为"命令，在弹出的对话框中输入"latch-scan-02. wrp"文件名并保存文件。

5. 2. 4　Geomagic Studio 曲面阶段处理

一个点云数据经过点阶段和多边形阶段的处理后，还需要进入曲面阶段进行编辑处理才能生成较理想的 NURBS 曲面，以保证模型产品的质量精度。Geomagic Studio 曲面阶段的操作主要包括探测曲率、升级/约束、构造曲面片、移动面板、编辑曲面片、松弛曲面片、构造格栅、拟合曲面等。

注：NURBS 是（Non-Uniform Rational B-Splines，非均匀有理 B 样条曲线）一种非常优秀的建模方式，是为使用计算机进行 3D 建模而专门建立的。NURBS 曲线和 NURBS 曲面在传统制图领域是不存在的，相比传统网格建模方式，NURBS 能够更好地控制物体表面曲线度，从而创建出更逼真、生动的造型。

下面介绍 Geomagic Studio 在曲面阶段的基础操作指令，操作步骤如下：

1. 打开素材文件

启动软件 Geomagic Studio 后，打开"latch-scan-02. wrp"文件。

2. 隐藏点云，显示多边形模型

Geomagic Studio 视窗中同时显示灰色的点云数据和蓝色的三角形数据，在左侧的管理器面板中选中并右击 ⬡ 按钮，在弹出的快捷菜单中选择"隐藏"选项，则视窗中只显示多边形模型。

3. 进入曲面阶段

模型从"多边形阶段"进入"曲面阶段"，单击"编辑"→"阶段"→"曲面阶段"命令或单击 ⬡ 按钮，在弹出的对话框中单击"塑性阶段"按钮 ⏳，单击"确定"按钮。

4. 探测曲率

单击"轮廓线"→"探测曲率"命令或单击 ⬡ 按钮，弹出"探测曲率"对话框，设置相关参数，单击"确定"按钮，如图 5-24 所示。黑色线框将模型划分为网格；最高曲率线以橙色显示，即为轮廓线，如图5-25 所示。

5. 升级/约束轮廓线

单击"轮廓线"→"升级/约束"命令或单击 ⬡ 按钮，弹出"升级/约束"对话框，选择如图 5-26 所示位置的黑色线框成为橙色的轮廓线，将模型分为竖直方向 4 片区域。按住〈Ctrl〉键，选择原有的橙色轮廓线可以取消选择。

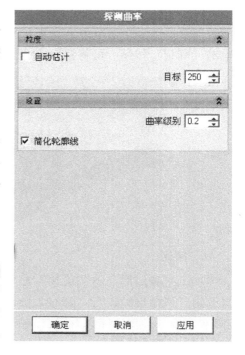

图 5-24　"探测曲率"对话框

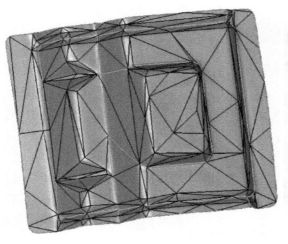

图 5-25　生成轮廓线

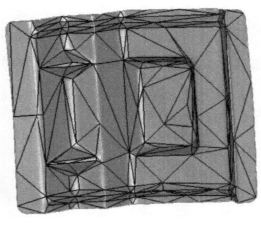

图 5-26　升级/约束轮廓线

6. 构造曲面片

单击"曲面片"→"构造曲面片"命令或单击 ▦ 按钮，弹出"构造曲面片"对话框，选中"自动估计"复选框，单击"确定"按钮。模型构造曲面片效果如图 5-27 所示。

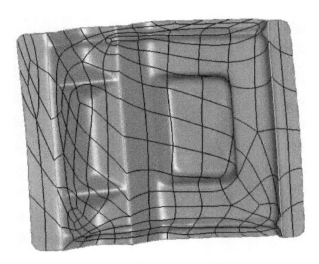

图 5-27　模型构造曲面片效果

7. 移动面板

单击"曲面片"→"移动"→"面板"命令或单击 ▦ 按钮，弹出"移动面板"对话框，如图 5-28 所示。

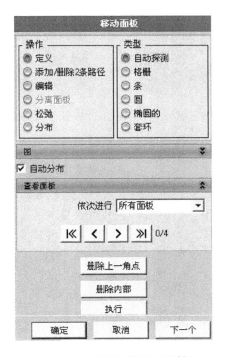

图 5-28　"移动面板"对话框

1）选择模型竖直方向 4 片区域中最右边的区域，点选此区域的四角作为 4 个角点，"上、下"与"左、右"分别显示 2 和 6。选中图 5-28 中的"添加/删除 2 条路径"和"格栅"单选按钮，单击左、右侧轮廓线，增加到 10 时，再单击图 5-28 中的"执行"按钮，重新分布曲面片，如图 5-29 所示。

2）单击图 5-28 中的"下一个"按钮，选择模型的第二片区域，选择 4 个角点，"上、下"与"左、右"的曲面片数显示如图 5-30 所示。"左、右"为 16 和 10，表明曲面片数不对称。选中"添加/删除 2 条路径"和"格栅"单选按钮，单击左侧轮廓线，减少到 10 时，再单击"执行"按钮，如图 5-31 所示。

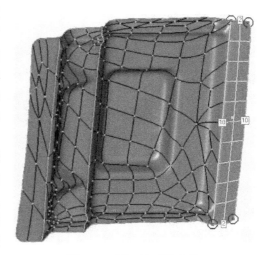

图 5-29　第一片区域布局

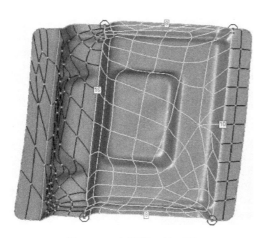

图 5-30　选择第二片区域

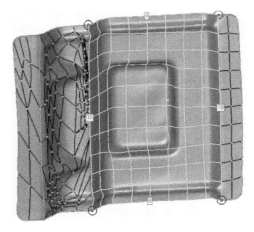

图 5-31　第二片区域布局

3）重复上述操作，模型的整体效果如图 5-32 所示。

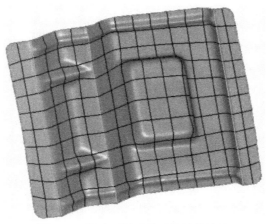

图 5-32　移动面板后模型的整体效果

8. 拟合轮廓线

单击"轮廓线"→"拟合轮廓线"命令，选择橙色显示的轮廓线，设置"控制点"为2，单击"确定"按钮，轮廓线会被拉直。

9. 编辑曲面片

单击"曲面片"→"编辑曲面片"命令，根据模型的实际形状，调整各线框的相关位置。

10. 松弛拟合轮廓线和松弛曲面片

1）单击"轮廓线"→"松弛所有轮廓线"命令。

2）单击"曲面片"→"松弛曲面片"→"直线"命令。

11. 构造格栅

单击"格栅"→"构造格栅"命令或单击▉按钮，弹出"构造格栅"对话框，分辨率设为"20"，单击"确定"按钮。模型效果如图 5-33 所示。

12. 拟合曲面

单击"NURBS"→"拟合曲面"命令或单击▉按钮，弹出"拟合曲面"对话框，"拟合方式"项选择"常数"，"控制点"设置为"18"，"表面张力"设置为"0.2"，单击"确定"按钮，生成的拟合曲面如图 5-34 所示。

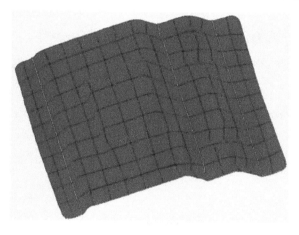

图 5-33　模型效果

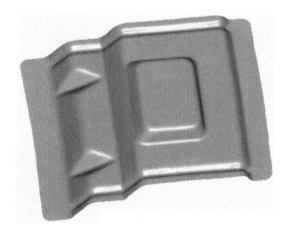

图 5-34　拟合曲面

13. 保存文件

选择"另存为"命令，在弹出的对话框中输入"latch-scan-03. wrp"文件名，保存类型可选择 IGES 或 STEP 格式，便于 UG 等造型软件的再设计。

5.3　Geomagic Studio 逆向建模操作实例

逆向工程流程图如图 5-35 所示。首先，利用扫描仪对原始的样品零件进行表面的数据采集；然后运用逆向工程软件（如 Geomagic Studio）对点云数据进行点、多边形以及曲面的处理，导入三维造型软件（如 UG、Pro/E 等）进行模型的实体重构；最后，利用 3D 打印技术或模具制造出加工样品。

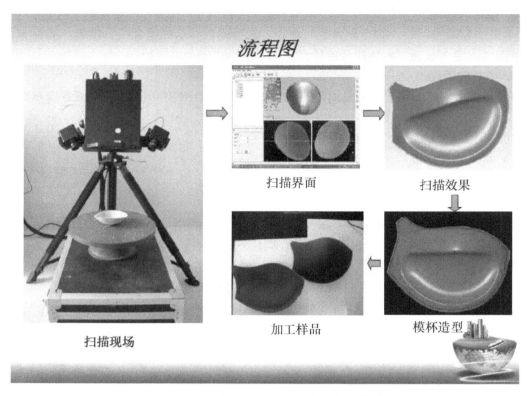

图 5-35　逆向工程流程图（图片来源：精迪）

1. 采集数据

利用实验室光栅三维扫描仪（见图 5-36）采集笔筒实物点云数据。

图 5-36　光栅三维扫描仪

2. 打开素材文件

启动 Geomagic Studio 软件，单击"文件"→"打开"命令或单击 按钮，找到点云数据文件，同时选中多个点云文件"BITO0002.gpd"等进行打开。图 5-37 所示模型为笔筒实物的点云数据，包含了 582919 个点阵格。

当前的点阵格：582，919

图 5-37　点云数据

3. 手动删除

改变模型的视图，框选多余的杂点，将选中的红色杂点按〈Delete〉键进行删除，如图 5-38 所示。

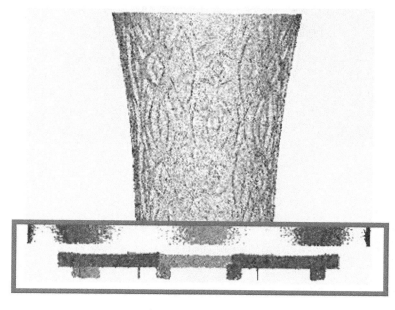

图 5-38　手动删除杂点

4. 手动注册点云

在管理器面板中的多个点云处于全部选中状态下，单击"工具"→"注册"→"手动注册"命令或单击 ⚙ 按钮，弹出"手动注册"对话框，如图 5-39 所示。采用"1 点注册"模式，"固定"项选择"BITO0002. gpd"，"浮动"选"BITO0003. gpd"，将固定窗口与浮动窗口中的模型旋转到合适位置，确定注册对齐的点，在这两个窗口中分别单击该对齐点，此时俯视窗口中的模型将自动进行匹配对齐。此时两片点云合并为一片，如图 5-40 所示。

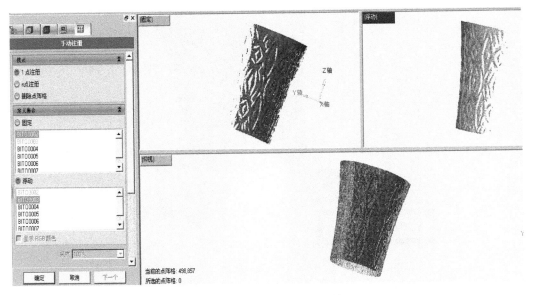

图 5-39　"手动注册"对话框

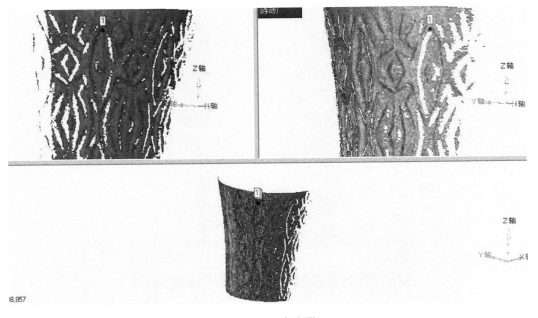

图 5-40　1 点注册

单击"下一个"按钮，"固定"项选择"组1"，"浮动"项依次选择剩余的点云，重复上述操作，最终完成7片点云的手动注册。

5. 全局注册

单击"工具"→"注册"→"全局注册"命令或单击 🔲 按钮，弹出"全局注册"对话框，采用默认值设置，单击"确定"按钮。系统会减小注册对齐的误差，再次拟合。

6. 合并

单击"点"→"合并"命令或单击 🔲 按钮，弹出"合并"对话框，参数设置如图5-41所示。合并后的点云如图5-42所示。

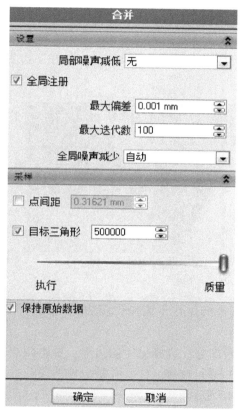

图5-41　"合并"对话框

图5-42　合并后的点云

7. 创建流型

单击"多边形"→"创建流型"→"打开"命令，通过创建一个打开的流型来删除模型中的非流型三角形。

8. 填充孔

单击"多边形"→"填充孔"命令，弹出"填充孔"的对话框，通过选择不同的"填充方法"对模型中的各类型孔进行填充。

1）单击"填充方法"的第一个按钮 🔲 进行封闭孔的填充。单击封闭孔的红色边界，系统根据封闭孔周围的曲率自动填充，如图5-43所示。

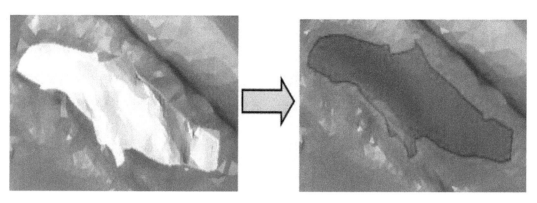

图 5-43　封闭孔的填充

2）单击"填充方法"的第二个按钮![icon]进行边界孔的填充。在上边界处点 1，在下边界处点 2，再单击需要填充的绿色边界，如图 5-44 所示。

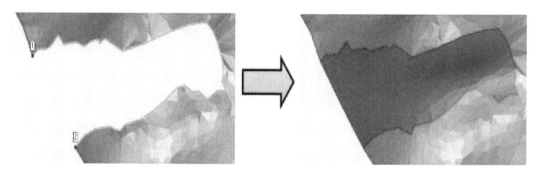

图 5-44　边界孔的填充

3）单击"填充方法"的第三个按钮![icon]进行填充桥的操作，选择"多边桥"的类型，此方法适用于填充较狭长的孔。

选择同一侧边界，单击两点，再单击这两点的中间部分；选择另一侧边界，单击两点，再单击这两点的中间部分，系统会自动生成"填充桥"进行连接。狭长孔被分成两段孔后，再进行"封闭孔"操作，填充各部分孔区域，如图 5-45 所示。

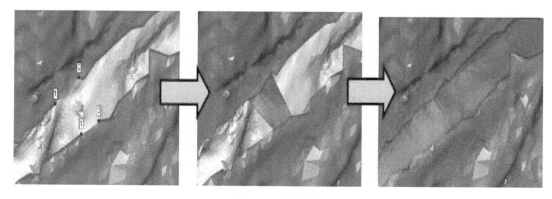

图 5-45　填充桥

9. 简化

单击"多边形"→"简化"命令或单击 按钮，弹出"简化多边形"对话框。减少模式以"三角形计数"，"减少百分比"设置为"80%"，选中"固定边界"复选框，单击"确定"按钮，可以简化多边形，减少模型的数据量。

10. 砂纸打磨

单击"多边形"→"砂纸"命令或单击 按钮，弹出"砂纸"对话框。选择"松弛"，调节强度值的大小，选中"固定边界"复选框，按住鼠标左键在模型表面进行左右打磨，可以使模型表面的不规则三角形凸起变得更光滑，如图 5-46 所示。

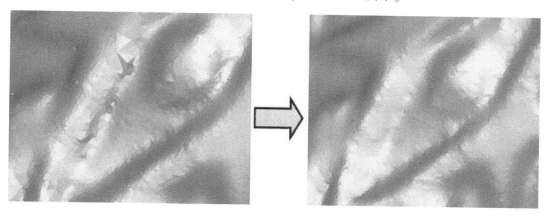

图 5-46　砂纸打磨

11. 编辑边界

单击"边界"→"编辑"命令或单击 按钮，弹出"编辑边界"对话框，对笔筒模型上下两个圆边界进行"编辑边界"操作。先选中"部分边界"复选框，在边界上单击两点，再单击两点中间的部分，可以使这段边界变得平滑；再选中"整个边界"复选框，单击整个圆的边界，"控制点"设为原来的 1/3，单击"确定"按钮，可以使整个边界变得光滑，如图 5-47 所示。

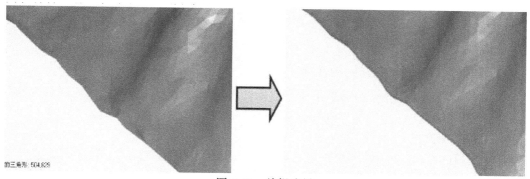

图 5-47　编辑边界

12. 松弛多边形

单击"多边形"→"松弛"命令或单击 按钮，弹出"松弛多边形"对话框，设置

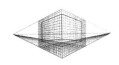

"平滑级别"为中度、"强度"为最小，选中"固定边界"复选框，单击"确定"按钮，可以使整个模型的三角形变得更加光滑。

13. 修复相交区域

1）单击"多边形"→"修复相交区域"命令或单击 按钮，弹出"修复相交区域"对话框，系统会统计出相交三角形的数目，执行"去除特征"或"删除"命令，便于模型生成曲面。

2）模型从"多边形阶段"进入"曲面阶段"，单击 按钮，在弹出的对话框中单击"塑性阶段"按钮 ，单击"确定"按钮，如图 5-48 所示。

3）单击"曲面片"→"绘制曲面片布局图"命令或单击 按钮，弹出"修复相交区域"对话框，系统会弹出"模型中包含退变的三角形"的提示对话框，单击"否"按钮。此时，系统会自动统计出模型中的不规则三角形，并显示为红色，如图 5-49 所示。

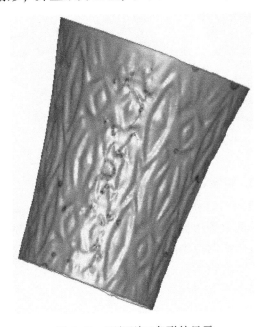

图 5-48　进入曲面阶段　　　　　图 5-49　不规则三角形的显示

4）模型从"曲面阶段"进入"多边形阶段"，单击 按钮，在弹出的对话框中单击"确定"按钮。按〈Delete〉键将红色显示的不规则三角形进行删除。

5）采用多边形"填充孔"将模型中已删除的不规则三角形形成的孔进行填充，再执行多边形"修复相交区域"，显示"没有相交的三角形"提示框，单击"确定"按钮。

14. 保存备份文件

选择"另存为"命令，在弹出的对话框输入文件名"BITONG01"，保存类型选择 WRP格式，单击"保存"按钮。

15. 平面截面（外曲面）

单击"多边形"→"平面截面"命令或单击 按钮，弹出"平面截面"对话框，调整"位置度"为"–1"，单击"平面截面"按钮，需要删除的区域加红显示，单击"删除所

选择的"按钮，裁剪顶边，如图 5-50 所示。调整"位置度"至底面，以相同的方法裁剪底边，单击"封闭相交面"按钮，封闭模型的底部，如图 5-51 所示。

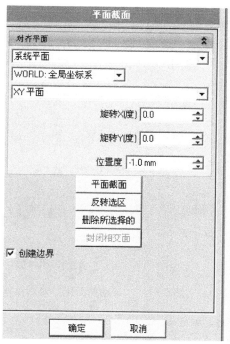

图 5-50　"平面截面"对话框

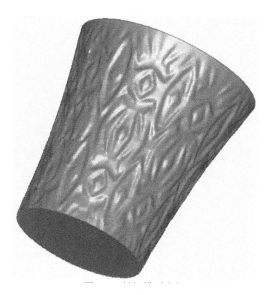

图 5-51　封闭模型底部

16. 自动生成曲面片

模型从"多边形阶段"进入"曲面阶段"。单击 按钮，在弹出的"自动曲面化"对话框中设置相关参数，单击"确定"按钮，如图 5-52 所示。

17. 保存文件

选择"另存为"命令，在弹出的对话框输入文件名"WAIQUMIAN"，保存类型选择 IGES 或 STL 格式，单击"保存"按钮。

18. 平面截面（内曲面）

打开"BITONG01. WRP"文件，单击"多边形"→"偏移"命令，将模型向内偏移，"距离"设置为"-4"，单击"确定"按钮。重复步骤 15 与步骤 16，文件另存为"NEIQUMIAN"，保存类型选择 IGES 或 STL 格式，单击"保存"按钮。

19. Pro/E 中导入内、外曲面文件

启动 Pro/E 并打开"WAIQUMIAN. IGES"文件。单击"插入"→"共享数据"→"自文件"命令，导入"NEIQUMIAN. IGES"文件。内、外曲面的显示如图 5-53 所示。

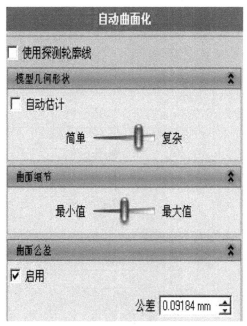

图 5-52   "自动曲面化"对话框

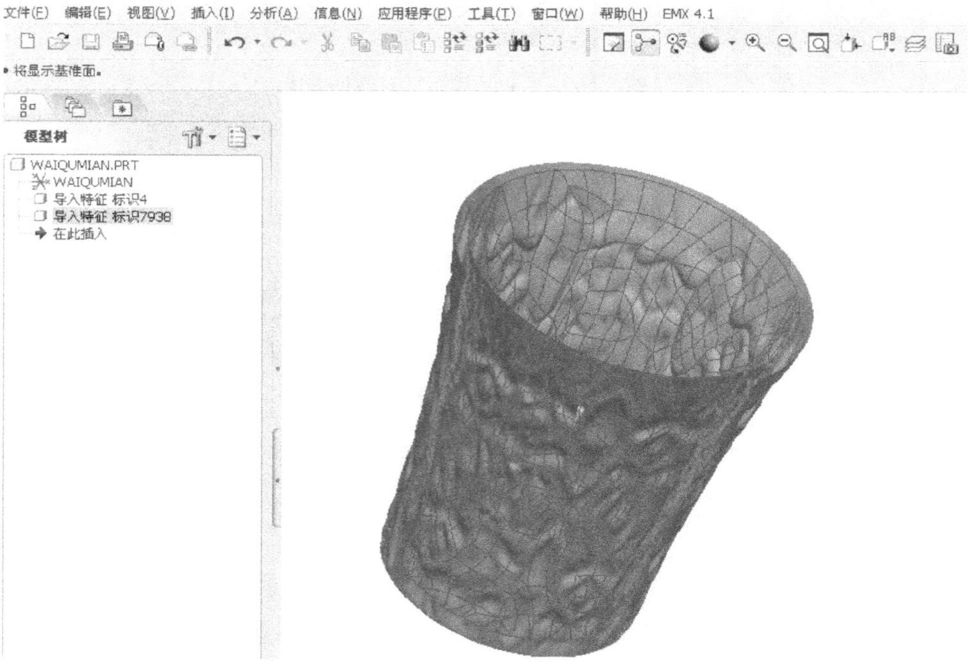

图 5-53   内、外曲面

20. 封闭外曲面

创建 X 与 Y 方向的基准平面，并在模型树中将内曲面隐藏。创建拉伸曲面，如图 5-54 所示。同时选中"外曲面"与创建的拉伸曲面，单击"编辑"→"合并"命令或单击 按

钮，将模型的顶口封闭，如图 5-55 所示。在模型树中自动生成"合并 1"。

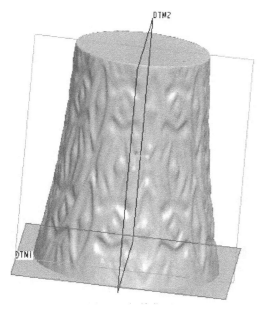
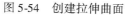

图 5-54　创建拉伸曲面

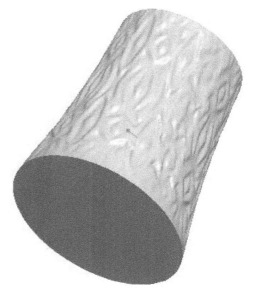

图 5-55　顶口封闭

21. 封闭模型

在模型树中将内曲面显示，同时选中"内曲面"与"合并 1"，单击"合并"按钮，将模型的内、外曲面进行封闭。此时的模型为一个封闭的曲面，只有内外表面，为一个中空的模型，在模型树中生成"合并 2"。

22. 封闭曲面的实体化

选中"合并 2"，单击"编辑"→"实体化"命令，单击"确定"按钮，生成实体化模型，如图 5-56 所示。

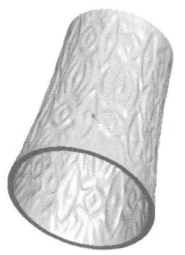
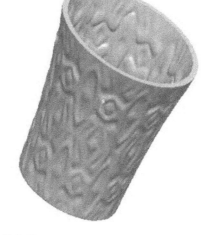

图 5-56　实体化模型

23. 保存文件

选择"另存为"命令，在弹出的对话框输入文件名"SHITI"，保存类型选择 STL 格式，单击"保存"按钮。

24. 模型打印

将"SHITI"文件导入打印机中进行 3D 打印。打印完成的 Geomagic Studio 重建笔筒模型实物如图 5-57 所示。

图 5-57　笔筒

5.4　习题

1. 简述逆向工程技术的定义。
2. 产品的逆向设计是什么？
3. 什么是数据采集？
4. 简述接触式三维扫描仪与非接触式三维扫描仪工作原理的区别。
5. 简述 Geomagic Studio 逆向建模的处理流程。
6. 下载点云文件进行 Geomagic Studio 软件练习。

第 6 章

3D 打印技术创作艺术模型

6.1 双色模型

美国 MakerBot 公司于2013 年 CES 大会（国际电子消费展）上推出一款无须更换耗材就可以进行色彩交错打印的双色 3D 打印机——MakerBot Replicator 2X，打印的双色地球仪实物如图 6-1 所示，蓝色代表海洋，绿色代表大陆，非常形象逼真。

图 6-1　双色地球仪实物（图片来源：中关村在线）

6.1.1 双色模型的实质

双色模型实质上由两个 STL 或 OBJ 等格式的文件模型组合而成，如图 6-2 所示。使用双

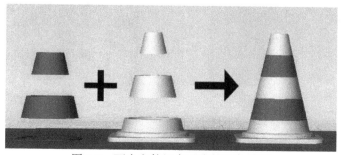

图 6-2　两个文件组合而成的双色模型

色 3D 打印机打印时，一个文件模型由其中一个挤出机打印，另一个文件模型则由另一个挤出机打印，两个挤出机交替打印共同完成双色模型。

其实像"交通警示锥"这类简单规则的双色模型，读者可以通过利用简单的三维软件 Pro/E 建立两个子文件而组合成整体模型，并单独保存子文件就可以轻松实现。图 6-3 所示为利用 Pro/E 创建并打印完成的双色骰子及交通警示锥实体模型。

图 6-3　Pro/E 创建并打印完成的双色实体模型

使用单喷嘴 3D 打印机实现彩色模型打印最简单的两种方法是：①间隔一段时间更换不同颜色的耗材进行打印，图 6-4 所示为更换 5 次耗材打印完成的多色花瓶；②通过不同颜色的活动组件，拼装成附有艺术气息的彩色果盘，如图 6-5 所示。需要强调的是，这两种方法并非桌面级 3D 打印机彩色打印的真正含义。

图 6-4　多色花瓶 　　　　　　　　　　　　图 6-5　彩色果盘

6.1.2　创建"双色兔"模型

第 3 章分别以 Creo 和 3D Studio Max 建模为例简单介绍了两款软件的特点。任何三维建模软件（Solidworks、3D Studio Max 及 Maya 等）都可以创建简单或复杂的双色模型。对于设计模型而言，任何一款得心应手的软件都能够绘制出"色彩斑斓"的模型。下面将结合使用 STL 编辑软件 Meshmixer 和三维建模软件 3D Studio Max 两款软件，以创建"双色兔"模型为例简单介绍其中的两项功能。

1. Meshmixer 分割模型

（1）载入模型

打开 Meshmixer 软件，单击主界面上的"Import Bunny"按钮，载入软件自带的兔子模型，如图 6-6 所示。

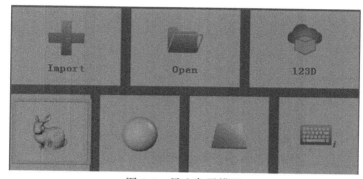

图 6-6　导入兔子模型

（2）选取分割区域

单击"Select"按钮，在弹出的对话框中可以拖动"Size"滑动条来改变毛刷的直径大小。用鼠标控制毛刷的移动，按住鼠标左键选取模型的分割区域。选取结束后松开鼠标左键，图 6-7 中褐色部分为毛刷选取区域。

图 6-7　选取分割区域

（3）光滑分割线

分割线是指褐色部分的轮廓线。分割区域选取结束后，选择"Modify"→"Smooth Boundary"命令，如图 6-8 所示。拖动"Smooth Boundary"对话框中的 4 个滑动条调整分割曲线的光滑度，达到要求后，单击"Accept"按钮完成操作，如图 6-9 所示。

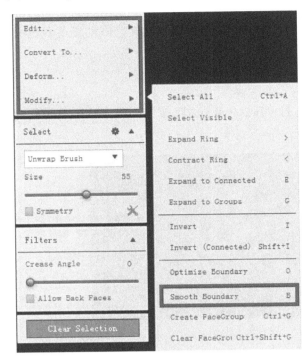

图 6-8　Modify 菜单　　　　　　　图 6-9　"Smooth Boundary"对话框

通过比较图 6-7 和图 6-10，能够明显看到分割线光滑处理后比之前的选取区域效果更圆滑、更简洁。此操作关系到模型后期的打印质量，因此是必不可少的一步。

图 6-10　光滑分割线

（4）分割模型

选择"Edit"→"Separate"命令，模型褐色区域轮廓线变为蓝色，模型被蓝色曲线分割成两部分，如图 6-11 所示。

图 6-11　分割模型

（5）保存模型

读者可以通过打开或关闭"Object Browser"对话框中的"眼睛"符号对两部分模型进行浏览。图 6-12 和图 6-13 分别表示被选中并单独保存的部分，随后单击"Export"按钮，选择 STL 或 OBJ 格式保存。此时，保存的模型是没有厚度的（即片体模型），下面将利用 3D Studio Max 对片体模型进行加厚操作。

图 6-12　要保存的一部分模型

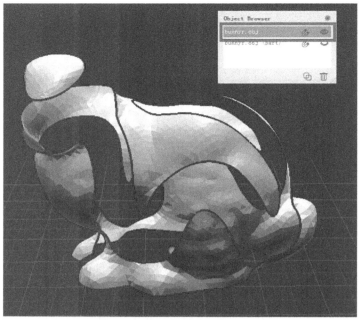

图 6-13　要保存的另一部分模型

2. 3D Studio Max 加厚操作

（1）导入模型

单击 3D Studio Max 主界面左上角的"打开文件"按钮，文件类型选择"所有文件"，导入需要加厚的模型，如图 6-14 所示。

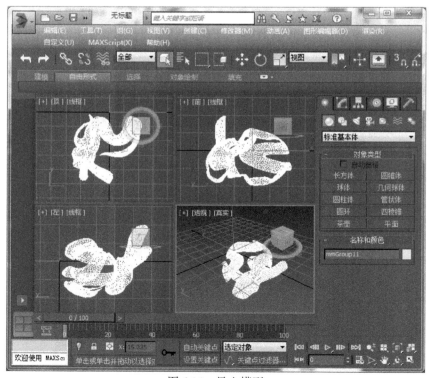

图 6-14　导入模型

（2）"壳"命令

单击"修改器"→"参数化变形器"→"壳"命令，对模型进行加厚处理，如图 6-15 所示。

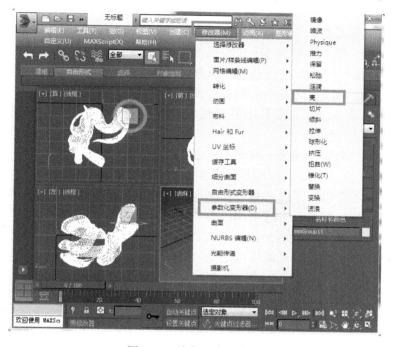

图 6-15　单击"壳"命令

（3）导出模型

选择"导出"命令，文件类型选为 STL 格式，保存加厚处理的模型，如图 6-16 所示。

图 6-16　导出加厚模型

133

另一个片体模型加厚操作的步骤如上所述，这里不再赘述。

6.1.3　3D 打印"双色兔"模型

1. 打印前的准备工作

打印前的准备工作主要针对 3D 打印机而言，如打印平台调平、测试喷嘴出丝情况和加热组件是否运行正常等。双色模型两部分的颜色由左右挤出机安装的打印耗材颜色决定。读者可以自由选择耗材颜色，打印不同色彩搭配的双色兔。

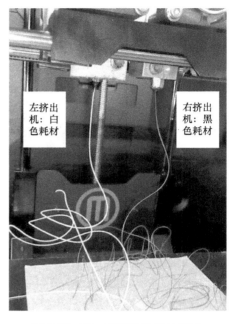

左挤出机：白色耗材

右挤出机：黑色耗材

既然要打印"双色兔"模型，打印前就必须保证两个挤出机出丝顺畅。在每个挤出机安装耗材结束后，让挤出机继续工作以便测试喷嘴出丝情况。如图6-17 所示，右挤出机安装黑色 ABS 耗材，左挤出机安装白色 ABS 耗材，分别进行喷嘴的出丝测试。出丝顺畅的标准是从喷嘴挤出的热熔丝能够像瀑布一样自然地"流"下来。

2. "双色兔"打印

下面以 MakerBot Replicator 2X 双色打印机为例进行"双色兔"模型的打印讲解。读者可以参考 4.3.2 节中 MakerWare 打印软件的使用说明，熟练掌握模型导入、旋转、移动和参数设置等操作。"双色兔"的两个 STL 文件合并后的效果如图 6-18 所示。

图 6-17　左、右挤出机出丝测试

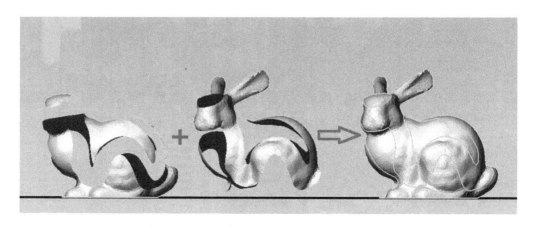

图 6-18　"双色兔"两个 STL 文件合并后的效果

1）双击"Object"按钮，打开"Object Information"菜单。单击选中一个 STL 文件，然后在"Object Information"子菜单中选择"Left（左）挤出机"，此时选中的 STL 文件会变成红色，即表示模型红色部分将由 Left（左）挤出机打印，如图 6-19 所示。打印机则默认另一个 STL 文件将使用 Right（右）挤出机打印。

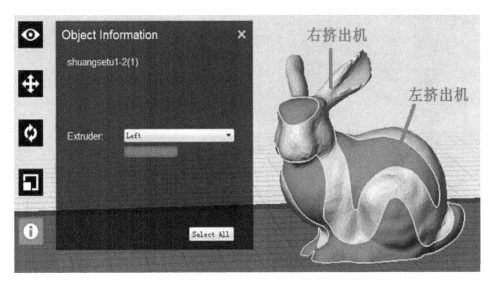

图 6-19　左右挤出机选择 STL 文件

2）单击"Print"按钮进行切片处理。单击"Print"对话框左下角"Print Preview"按钮进行打印预览，如图 6-20 所示。其中模型旁边的"围栏"是左右挤出机每次轮换打印模型前测试出丝情况而生成的，足以保证两个挤出机工作时出丝顺畅。

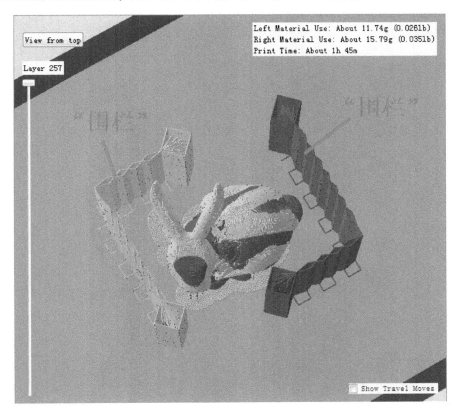

图 6-20　打印预览

3）打印信息如图 6-21 所示。

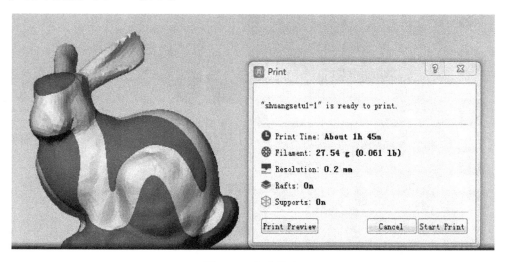

图 6-21　打印信息

6.2　镂空模型

　　一组附有艺术感的镂空作品如图 6-22 所示。下面介绍如何使用 Meshmixer 和 MeshLab 两种软件设计镂空模型。

图 6-22　镂空模型

6.2.1　创建"镂空猫"模型

1. 利用 MeshLab 软件设计镂空模型

（1）模型导入

打开 MeshLab 软件，单击"File"→"Import Mesh"命令，导入准备好的模型，如图 6-23 所示。通过鼠标左键旋转视图、鼠标滚轮缩放视图、按住鼠标滚轮平移模型来调整合适视角。

（2）细分模型

单击"Filters"→"Remeshing，Simplification and Reconstruction"→"Subdicision Surfaces：Loop"命令对模型进行细分。在弹出的"Subdivision Surfaces：Loop"对话框中将"Iterations（迭代次数）"设置为 1，将"Edge Threshold（边的阈值）"比例栏改为"0.5"，单击"Apply"按钮，如图 6-24 所示。

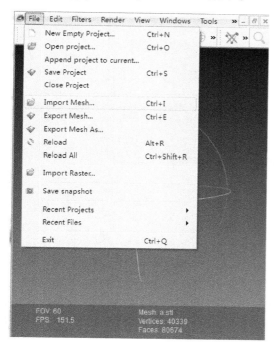

图 6-23　导入模型

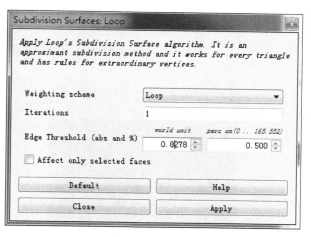

图 6-24　细分模型

（3）点采样

单击"Filters"→"Sampling"→"Poisson-disk Sampling"命令，弹出"Poisson-disk Sampling"对话框，在"Number of samples"文本框中输入"100"，单击"Apply"按钮，关闭对话框，如图 6-25 所示。

（4）点预览

单击"View"→"Show Layer Dialog"命令，右侧调出对象窗口。关闭模型项（第一项）前面的眼睛，隐藏此模型，显示采样点的分布，如图 6-26 所示。如果满意采样点分布均匀程度，则打开模型项前面的眼睛；如果不满意，则适当增大上一步的采样数值。

137

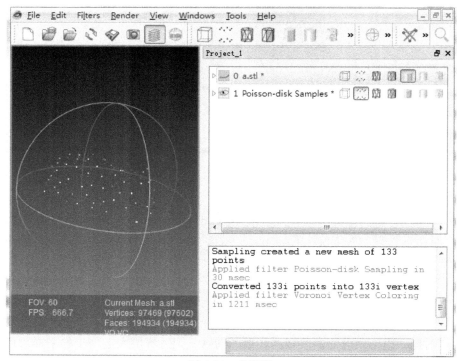

图 6-25　点采样

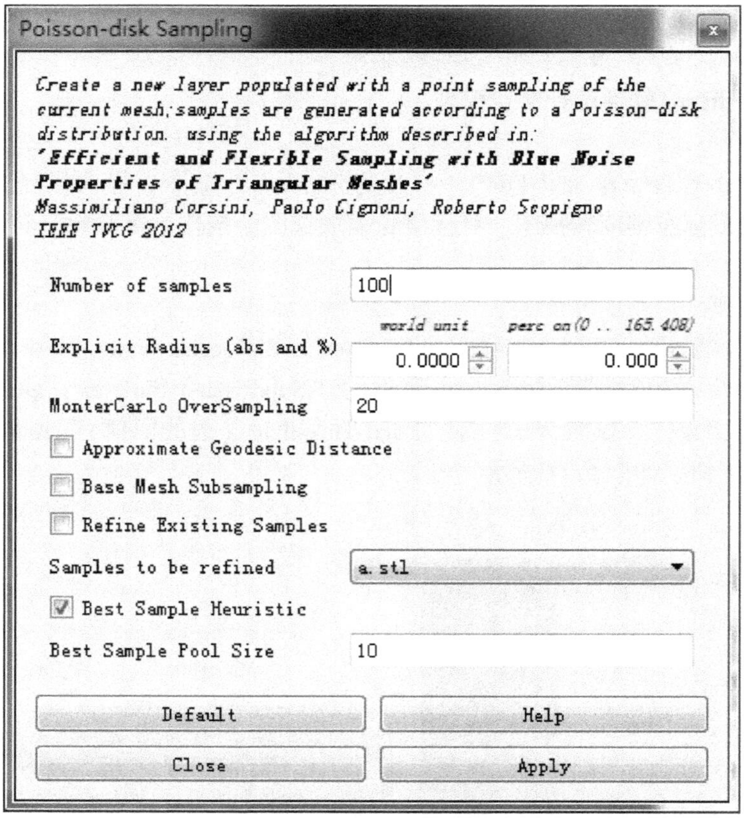

图 6-26　点预览

（5）点染色

单击 "Filters" → "Sampling" → "Voronoi Vertex Coloring" 命令，弹出 "Voronoi Vertex Coloring" 对话框，选中 "BackDistance" 和 "Preview" 复选框，此时模型被染成不同的颜色，绿色区域将会被删除，单击 "Apply" 按钮，如图 6-27 所示。

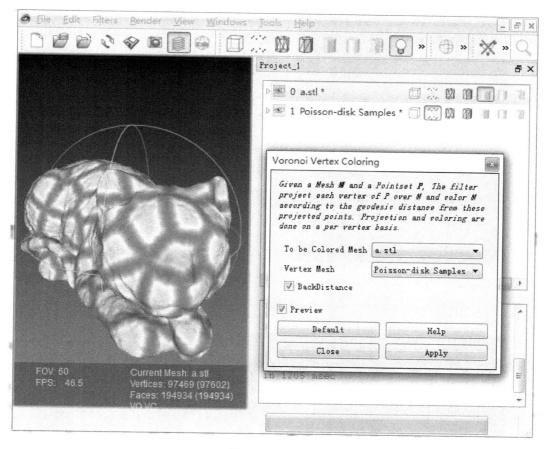

图 6-27　点染色

（6）删除绿色区域

单击 "Filters" → "Selection" → "Select Faces by Vertex Quality" 命令，弹出 "Select Faces by Vertex Quality" 对话框，选中 "Preview" 复选框，现在红色的部分表示被选中。通过调整 "Min Quality（最小质量）" 和 "Max Quality（最大质量）" 来选择这两者之间的点，如图 6-28 所示。离采样点越近，点的质量越大。达到要求后，单击 "Apply" 按钮。然后按 〈Shift + Delete〉 组合键删除选中的点和面，就得到了镂空的面片，如图 6-29 所示。

（7）光滑删除区域边

单击 "Filters" → "Smoothing, Fairing and Deformation" → "Laplacian Smooth" 命令，弹出 "Laplacian Smooth" 对话框，边单击应用边观察删除区域边的光滑度，直至达到满意为止，如图 6-30 所示。

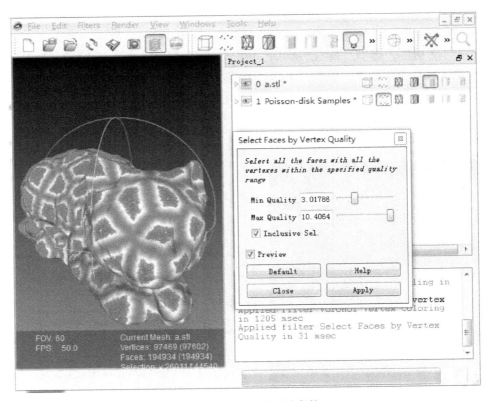

图 6-28　调整删除区域参数

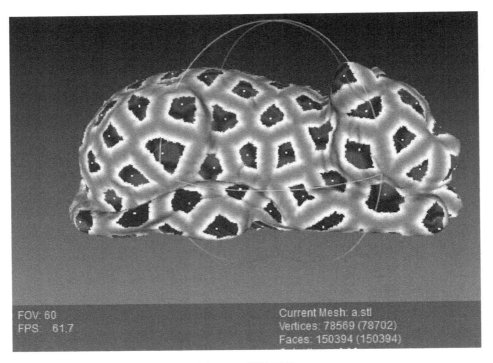

图 6-29　删除面片

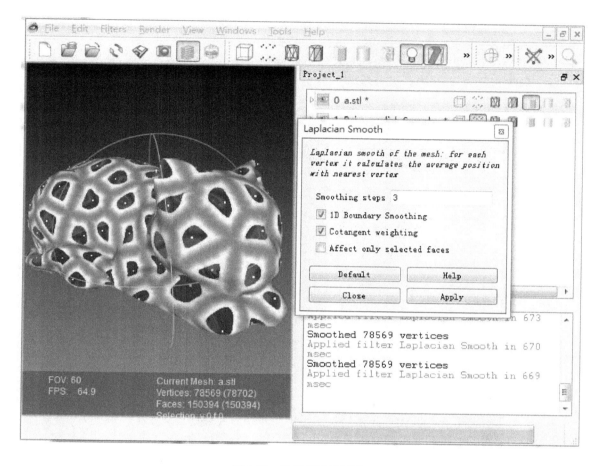

图 6-30　光滑删除区域边

（8）导出片体模型

单击"File"→"Export Mesh As"命令，选择 OBJ 或 STL 格式导出模型。

（9）片体模型加厚

将片体模型导入 Meshmixer 中，按〈Ctrl + A〉组合键选中全部模型，在弹出的对话框中单击"Edit"→"Extrude"命令，并在"Extrusion"对话框中将"Offset"项设为 − 0.954mm，在"Direction"下拉列表中选择"Normal"，单击"Accept"按钮，如图6-31所示。

（10）减少面的数量

按〈Ctrl + A〉组合键选中全部模型，在弹出的对话框中单击"Edit"→"Reduce"命令，并在"Reduce"对话框中将"Percentage"项设为75%，单击"Accept"按钮如图 6-32所示。

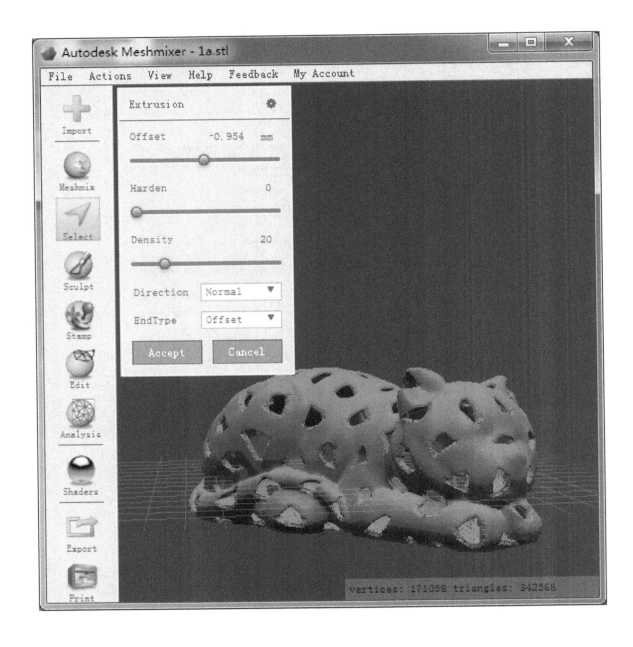

图 6-31　片体模型加厚

图 6-32　减少面的数量

（11）光滑模型

按〈Ctrl + A〉组合键选中全部模型，在弹出的对话框中单击"Deform"→"Smooth"命令，并在"Smoother"对话框中通过"Smooth"及"Scale"项调节模型光滑度，单击"Accept"按钮如图 6-33 所示。

（12）导出模型

单击"Export"命令，选择 STL 格式保存模型。

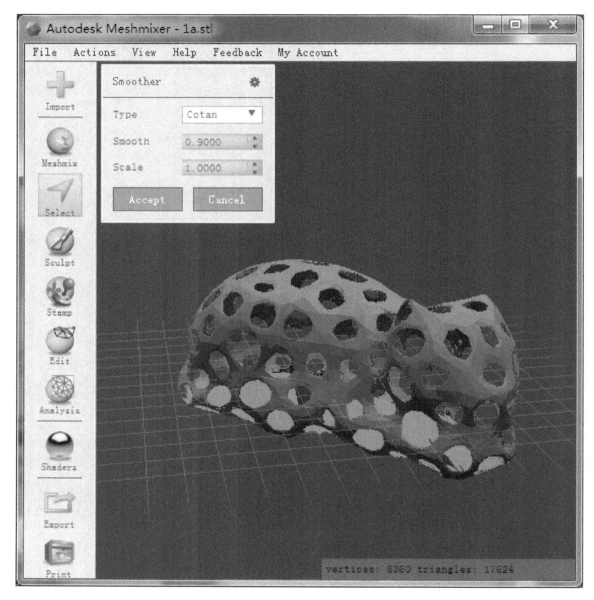

图 6-33　光滑模型

2. 利用 Meshmixer 软件设计镂空模型

1）打开 Meshmixer 软件，单击主界面中的"Import"按钮导入 STL 格式的小猫模型。随后按住〈Ctrl + A〉组合键选取整个模型，此时模型变成褐色，如图 6-34 所示。

2）单击"Edit"→"Reduce"命令。在"Reduce"对话框中可以选择"Percentage""Triangle Budget"或"Max Deviation"3 种模式，并分别通过调整滑动条改变模型的边框效果达到要求，单击"Accept"按钮。这里选择"Triangle Budget"模式调整模型边框，效果

如图 6-35 所示。

图 6-34 选取整个模型

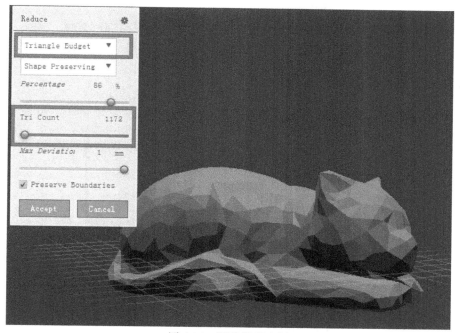

图 6-35 调整模型边框

3）单击主界面左边的"Edit"按钮，选择"Make Pattern"命令。在"Make Pattern"对话框中选择"Dual Edges""Mesh + Delaunay Edges"或"Mesh + Delaunay Dual Edges"模式，从而实现不同的镂空框架结构。也可以拉动相应滑动条改变镂空框架支柱的直径大小、局部区域支柱大小的渐变或密度等参数，最终达到最具艺术气息的镂空设计。图6-36所示为选择"Dual Edges"模式后的模型框架结构。

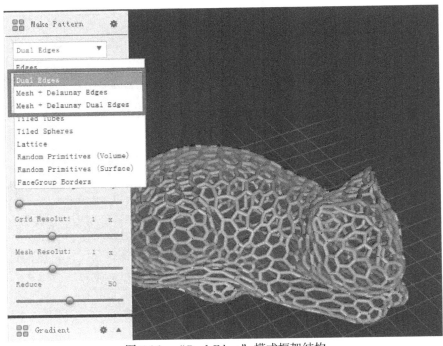

图 6-36　"Dual Edges"模式框架结构

4）按照 MeshLab 软件设计镂空模型第 10 步操作，减少模型面的数量。

5）单击主界面"Export"按钮，选择 STL 或 OBJ 格式导出文件并保存。

6.2.2　3D 打印"镂空猫"模型

利用 Meshmixer 软件设计的"镂空猫"模型导入 Simplify3D 打印软件，如图6-37所示。

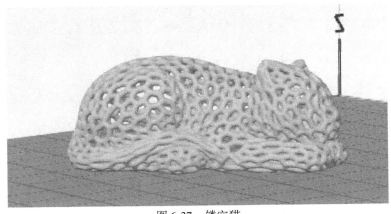

图 6-37　镂空猫

切片参数设置完成后，单击主界面左下角的"Prepare to Print"按钮开始切片处理，并进入"打印预览"对话框。切片完成后，单击"Play/Pause"按钮启动打印预览，模型的打印时间约为 57.58min，打印耗材长度为 2239.0mm，如图 6-38 所示。

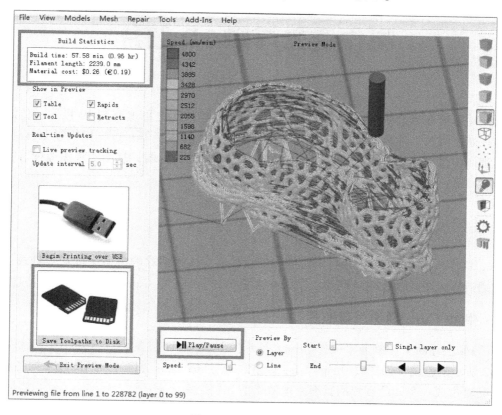

图 6-38　开启打印预览

单击"Save Toolpaths to Disk"按钮，将.gcode 格式文件保存到 SD 卡中进行脱机打印。

6.3　习题

1. 利用 Meshmixer 软件练习双色模型设计。
2. 利用 Meshmixer 或 MeshLab 软件练习镂空模型设计。

第 7 章

制作透光浮雕 3D 照片

透光浮雕即在半透明板上印刷立体图像。透光浮雕的历史可追溯到 19 世纪，传统制作方式是在蜡上雕刻，然后制作石膏模具，进行浇铸，烧制成瓷器，过程比较复杂。利用 3D 打印机制作的浮雕照片是通过浮雕凹凸有致部分透光能力的强弱，从而实现图像细节的轮廓分明。

7.1 使用 Cura 软件制作浮雕照片

Cura 软件不仅能够作为 3D 打印机的控制软件，对多种格式的模型进行切片处理，而且还可以通过导入图片制作浮雕照片，步骤非常简单。下面介绍 Cura 软件的这一奇特功能。

7.1.1 利用 Cura 制作浮雕照片

在 Cura 主界面中，单击"文件"→"打开模型或 gcode..."命令（见图 7-1），导入一张图 7-2 所示的脸萌卡通图（.bmp、.jpg 等格式），然后 Cura 会将导入的图片根据各像素点的不同亮度生成一个凹凸有致的具有浮雕效果的 3D 模型。

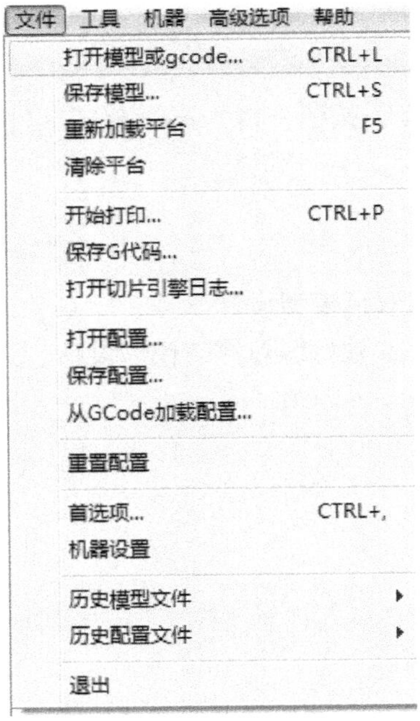

图 7-1　导入选定图片

图 7-2　脸萌卡通图

　　图片导入后，Cura 界面会出现含有 6 项参数需要调整的对话框，如图 7-3 所示。

　　浮雕照片的总体厚度由底层厚度和高度决定。底层是浮雕照片的外形轮廓，根据图片形状而发生变化。如果图片形状为长方形，那么打印的浮雕照片底层就是有一定厚度的长方体；如果图片形状为三角形，那么打印的浮雕照片底层就是有一定厚度的三角形。高度是指在底层的基础上需要凸出部分的尺寸大小（Z 轴方向），即浮雕高度。一般来说，浮雕高度大小在 5～8mm 时细节表现效果最佳。

图 7-3　浮雕参数设置

　　浮雕照片的宽度和深度尺寸决定着浮雕作品的尺寸大小。如果把浮雕照片定义为长方体，那么宽度尺寸是指长方体的长，深度尺寸则指长方体的宽，高度与底层厚度就是长方体的高。

　　浮雕照片生成方式的设置是最为重要的两项参数。第一项参数有两个选项：越暗越高（Daker is higher）和越亮越高（Lighter is higher）。顾名思义，第一项参数的作用就是控制图片亮的地方高一些还是暗的地方高一些。单独以人物图片为例，此项选择"越暗越高（Daker is higher）"选项，使得人物图片内黑色部分（头发、眼球、黑西服等）为有一定高度的凸起。第二项参数共有三个选项：不光滑（No smoothing）、轻度光滑（Lighter smoothing）和重度光滑（Heavy smoothing），控制浮雕照片的凹凸部分的光滑程度。"不光滑（No

smoothing)"选项会显示图片上所有的细节，哪怕是不必要的细微线条也能够彰显在浮雕照

片上，不仅影响了最终效果，而且桌面级 3D 打印机难以实现所要求的细节精度。光滑程度越高，生成的浮雕照片表面越光滑，致使某些细节部分被抹掉，造成浮雕照片与原图片出现失真现象。

脸萌浮雕照片效果图如图 7-4 所示。其参数值高度、底层高度、宽度及深度值分别设为 10.0mm、1.0mm、150.0mm 及 150.0mm，生成方式第一项参数选择"越暗越高（Daker is higher）"，第二项参数选择"轻度光滑（Lighter smoothing）"。

浮雕照片达到所要求的效果后，单击"文件"→"保存模型"命令，在弹出的对话框中选择保存路径、输入文件名 lianmeng. stl，将生成的浮雕照片保存成 . stl 格式，如图 7-5 所示。需要强调的是，文件的保存格式需要手动输入 . stl，否则无法正确保存。

图 7-4　脸萌浮雕照片效果图

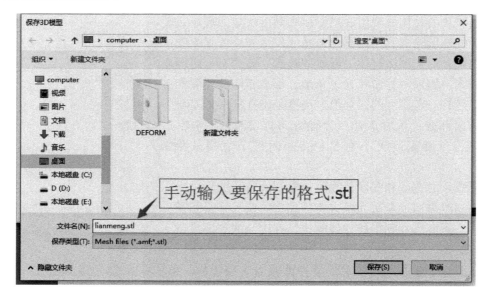

图 7-5　导出 . stl 格式浮雕照片

7.1.2　3D 打印浮雕照片

将保存格式为 . stl 的浮雕照片导入 3D 打印机 MakerBot Replicator 2 打印软件中，如图

7-6所示。为了得到打印效果最佳的浮雕照片，需要设置打印精度、打印温度、打印速度及平台加热温度等参数。

图 7-6　打印脸萌浮雕照片

打印完成的脸萌浮雕照片如图 7-7 所示。

图 7-7　脸萌浮雕照片

7.2　基于 Photoshop CC 创建浮雕照片

Photoshop 主要处理以像素所构成的数字图像，使用其众多的编辑与绘图工具，可以有效地进行图片编辑工作。2013 年 7 月，Adobe 公司推出了最新版本的 Photoshop CC。2014 年 6 月，Adobe 公司发布了支持 3D 打印功能的全新 Photoshop CC 版本，下载界面如图 7-8 所示。

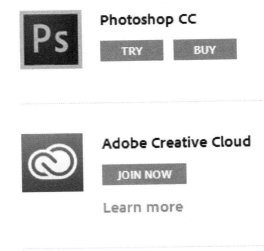

图 7-8　下载 Photoshop CC 版本

Photoshop 图像处理软件工程团队一直致力于研究创新思路图像处理软件，设计的动作命令插件就是一个很好的例证。对于任意一张照片，只需一键点击就可以得到需要的浮雕照片。

7.2.1　安装动作压缩包

从 Adobe 官网下载 Photoshop 的 lithophane 动作压缩包，如图 7-9 所示。解压得到 Make Lithophane. atn 文件。

图 7-9　下载 lithophane 动作压缩包

　　打开 Photoshop 软件，单击"窗口"→"动作"命令，弹出"动作面板"框。单击窗口右上角的"三角"符号，展开动作菜单并选择"Load Actions"命令，如图7-10所示。加载 Make Lithophane. atn 文件，如图7-11所示。

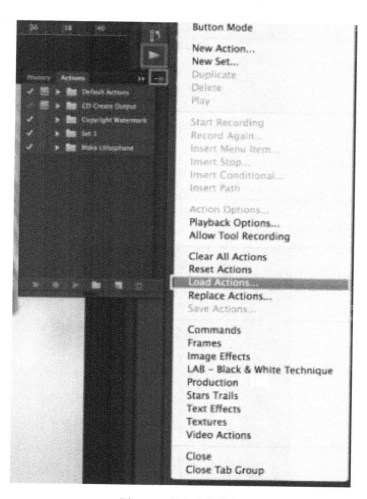

图7-10　载入动作命令

Name			Date Modified	Size	Kind
▼ 📁	Lithophane		28 February 2014 16:48	--	Folder
		Make Lithophane.atn	15 January 2014 23:14	10 KB	Adobe...ns file
		Read Me.txt	15 January 2014 23:23	402 bytes	Plain Text

图7-11　加载 Make Lithophane. atn 文件

加载完成后，动作列表中应能看到 Make Lithophane 项，如图7-12所示。

3D 打印技术基础教程

图 7-12　Make Lithophane 加载完成

7.2.2　Photoshop CC 制作浮雕照片

在 Photoshop CC 中导入想要转换成浮雕照片的图片。选择背景二维图层（图层面板右下方，标记为紫色）和 Make Lithophane 动作（标记为红色），然后单击动作面板上的开始按钮（标记为黄色），如图 7-13 所示。

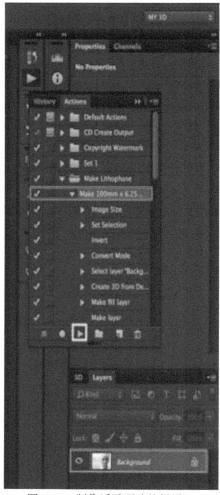

图 7-13　制作浮雕照片按键设置

软件会自动运行每一步，将图片转换成灰度图、反转色效果，并制作成如图 7-14 所示的理想 3D 浮雕照片。

图 7-14　生成的浮雕照片

导出 .stl 格式浮雕照片，具体操作如下：单击属性窗口中的"打印设置"按钮，将"Print To"设置为"Local"；"Printer"设置为 MakerBot Replicator 2X；"Printer Volume"设置为"Millimeters"；"Detail Level"设置为"Medium"；"Scene Volume"根据需要进行设置，注意 X 轴和 Z 轴的值不要大于 125，如图 7-15 所示。

选项设置完成后，单击 3D 打印按钮（紫色方框标注）导出生成的浮雕照片。

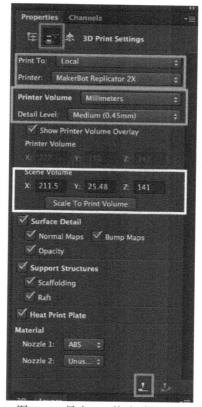

图 7-15　导出 .stl 格式浮雕照片

7.3   3D Studio Max 制作浮雕照片

下面介绍制作浮雕照片的第 3 种软件——3D Studio Max。

7.3.1   图片处理

用 Photoshop 打开需要制作浮雕照片的图片，查看图像大小。可以选中"约束比例"复选框，等比例改变图片大小（或取消选中"约束比例"复选框，将图片调整到需要制作浮雕版面的尺寸），如图 7-16 所示。

图 7-16　查看图像大小

按照如图 7-17 所示的步骤操作，将图像调成灰度图片，目的是让生成的浮雕照片凹凸效果更佳。

图 7-17　生成灰度图

7.3.2　绘制浮雕平面

在 3D Studio Max 中绘制一个长宽与图像尺寸大小相同的长方体，长方体高度为浮雕照片总厚度。长宽高的分段数均设为 1，如图 7-18 所示。

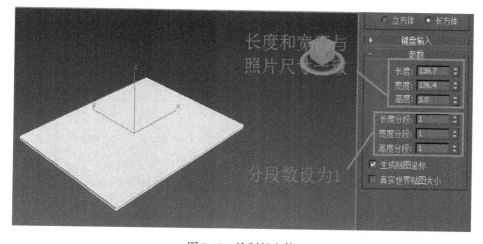

图 7-18　绘制长方体

选中绘制的长方体，单击鼠标右键，在弹出的快捷菜单中选择"转换为"→"转换为可编辑多边形"命令，如图 7-19 所示。

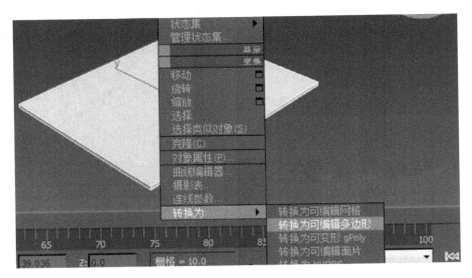

图 7-19　"转换为可编辑多边形"命令

在"修改器列表"下拉列表中选择"细分"项，对长方体进行细分处理，参数大小设置为"1"，如图 7-20 所示。当然，细分的参数大小也可以设为 0.2，这需要根据计算机配置的高低、要求的浮雕效果而定。

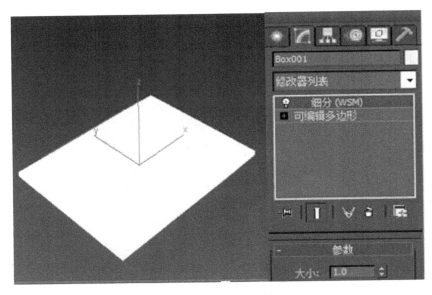

图 7-20　细分长方体

单击"修改器列表"下拉列表下方的"可编辑多边形"，此时在选择栏下单击第 4 个

"多边形"命令，然后再单击选中长方体上要生成浮雕照片的平面，选中的平面变成红色，如图 7-21 所示。

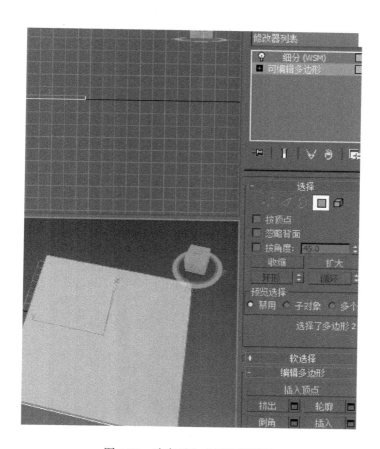

图 7-21　选中要生成浮雕的平面

7.3.3　生成浮雕照片

在修改器列表中选择"Displace（置换）"项，将下方的"强度"设置为"－2.0"（必须为负数，表示浮雕厚度），并单击"位图"命令选中要生成浮雕的图片，最后在"贴图"选项区中选中"平面"单选按钮，其他参数保持不变，如图 7-22 所示。

选中"细分"项并拖动到"Displace"项下方，将两项位置互换，如图 7-23 所示。

互换完成后，用鼠标左键单击软件空白区域，生成的浮雕照片效果图如图 7-24 所示。如果浮雕凹凸效果不理想，则可以通过修改图片亮度值、浮雕强度值或长方体厚度进行调节，以便找到最佳参数设置。

图 7-22　置换参数设置

图 7-23　互换"细分"与"Displace"两项位置

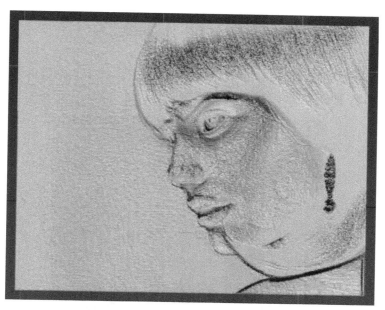

图 7-24　浮雕照片效果图

7.3.4　保存 .stl 格式文件

选中浮雕照片，选择"导出"命令，在弹出的对话框中输入文件名，并在文件类型中选择 .stl 格式保存，具体操作如图 7-25 所示。

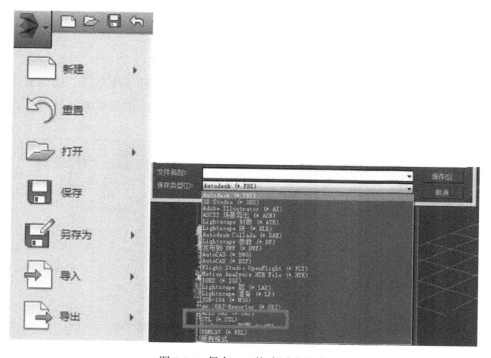

图 7-25　保存 .stl 格式浮雕照片

7.4　3D Studio Max 制作浮雕灯罩

图 7-26 所示的这款 3D 打印透光浮雕台灯是将 3D 打印技术、图像透光技术相结合，以台灯的形式展现出一种独特创意个性的韵味。

图 7-26　透光浮雕灯（图片来源：深圳赛恩科三维科技有限公司）

透光浮雕灯的结构分为标准灯座和浮雕灯罩两部分。浮雕灯罩是通过数字化三维软件将图片和管状体模型进行合成处理，生成新的凹凸不平的浮雕三维模型，并用 3D 打印技术打印制作而成。

7.4.1　制作图片拼图

假如读者要制作一个直径为 100mm、高度为 150mm 的圆柱浮雕灯罩，则需要先用 Photoshop 做一张大小为（π×D）×150（D 为直径尺寸）的画布，把喜欢的图片放在画布里制成拼图，如图 7-27 所示。

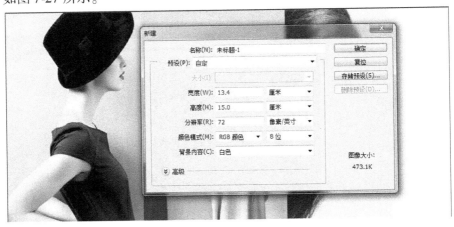

图 7-27　用 Photoshop 制作拼图

7.4.2　创建管状体

用 3D Studio Max 画一个管状体，根据图片尺寸算出管状体的内外径尺寸。设置"半径
1"为"50""半径 2"为"48""高度"为"150""高度分段"为"1""边数"为
"200"，如图 7-28 所示。边数的多少决定管状体的圆滑度，此值需要根据模型大小设定。

选中绘制的管状体，单击鼠标右键，在弹出的快捷菜单中选择"转换为"→"转换为
可编辑多边形"命令。在"修改器列表"下拉列表中选择"细分"项对管状体做细分处理，
参数大小设置为"0.2"。

单击"修改器列表"下拉列表下方的"可编辑多边形"项，此时在选择栏下单击第 4 个
"多边形"命令，并单击管状体外表面，管状体外表面出现一条竖直红色区域，如图 7-29 所示。

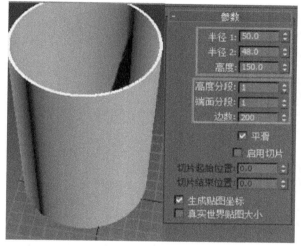

图 7-28　管状体尺寸

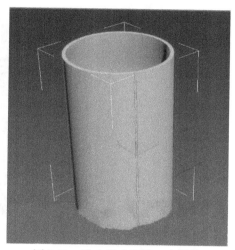

图 7-29　选中外表面第一步操作

按住〈Shift〉键单击外表面非红色区域，选中全部外表面，此时外表面变成红色，如
图 7-30 所示。

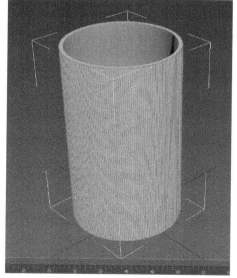

图 7-30　选中管状体外表面

7.4.3 生成浮雕灯罩

在"修改器列表"下拉列表中选择"Displace（置换）"项，下方的强度参数设为"－2.0"（必须为负数，表示浮雕厚度），并单击"位图"命令选中已经制作完成的拼图，最后在"贴图"选项区选中"柱形"单选按钮，如图 7-31 所示。

选中"细分"项并拖动到"Displace"项下方，将两项位置互换，完成浮雕灯罩的制作，如图 7-32 所示。

图 7-31　置换参数设置

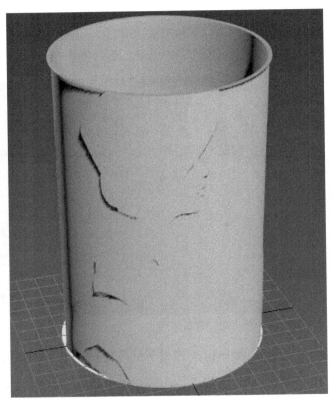

图 7-32　浮雕灯罩

7.5　浮雕照片效果的影响因素

读者可以在 3D 打印网站上学习 3D 打印技术制作的形状各异的浮雕作品，如图 7-33 所示。这些充满艺术气息与科技色彩的作品足以说明 3D 打印技术的神奇魔力与广阔前景，也展现了 3D 打印爱好者无穷无尽的艺术创意。

浮雕照片或灯罩最主要的是图片细节的体现，当然这需要花费时间去摸索。浮雕照片效果的影响因素如下：

1）图片选择。众所周知，桌面级 3D 打印机需要改善的其中一点就是精度问题。迄今为止，任何桌面级 3D 打印机（FDM 技术）都不可能完美打印模型的细微部分，因此图片的选择至关重要。从理论上讲，选择的图片越明亮，色彩越分明，细节部分越简单，生成的浮

雕照片效果会越好，而且图片背景颜色越接近白色越好。

2）图片质量。图片质量不再单独指图片像素的大小，也囊括图片灰度转变及细节部分亮度值的大小。读者可以利用 Photoshop、美图秀秀等软件对图片质量进行修改处理。

3）软件参数设置。浮雕制作软件与切片软件的参数设置也是非常重要的因素之一。例如，利用 3D Studio Max 制作浮雕作品时，细节参数值设为 0.2 就比 1.0 的效果好；Simplify 3D 切片的层高设为 0.1mm 就优于 0.2mm 的层高效果。

4）打印耗材选择。打印耗材的透光性太强或太弱都会严重影响浮雕照片轮廓及细节的表现力，因此打印浮雕作品时最好选用透光性适中的白色耗材。

5）3D 打印机性能。3D 打印机性能是最重要的客观因素，打印温度、打印速度及打印精度都需要读者精心调

图 7-33　浮雕作品

试。使用打印精度为 0.2mm 的浮雕作品与打印精度为 0.4mm 的浮雕作品的效果差距还是非常明显的。

7.6　习题

1. 自行搜寻素材，借助 Cura、Photoshop CC 或 3D Studio Max 三者中的任两种软件创建浮雕照片。

2. 请为身边的人亲手制作一张浮雕照片。

第8章
人体脊椎重建模型

随着现代科技的不断进步，号称"第三次工业革命利器"的 3D 打印技术迅速地在工业制造领域得到广泛应用，其在医学领域的应用也逐步引起人们的关注。3D 打印患者病灶模型最早应用到医学领域，打印的人体结构模型有助于外科医师在诊断结论、手术路径规划、手术操作培训及手术方案模拟等方面提供帮助。现如今"3D 医疗打印"技术也已取得惊人进展，对于一些骨缺损类的疾病，如各类骨折、骨肿瘤切除手术，医生可以通过软件及时把患者的 CT 扫描数据输入打印机，直接定制个性化的、更加符合患者伤情的钢板，从而有效控制病情恶化，缩短患者康复时间。

8.1 医学影像处理软件 Mimics

Mimics 是比利时 Materialise 公司研发生产的一款专门用于处理医疗图像的软件。通过 Mimics 将 CT/MRI 等断层扫描图像三维重建，在三维模型的基础上，通过不同的模块，可以应用于快速医学模型制造、生物力学有限元分析/计算流体力学（FEA/CFD）、假体/植入体设计、手术过程模拟等操作。Mimics 软件与 3D 打印技术的完美结合实现了基于断层数据的三维重建，解决了由于人体结构复杂而难以完成医学三维模型重建的难题，为虚拟手术、三维有限元分析等计算机辅助外科在医学领域应用的发展注入了新活力。

Mimics 软件与 3D 打印技术在医学领域加工制作模型从虚拟到有形的应用流程，如图 8-1 所示。流程分为 A、B、C 三段，A 是由 CT 图像做骨骼和皮肤的分割，B 是创建与处理三维模型，C 是三维打印。

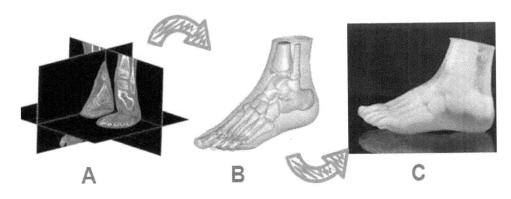

图 8-1　加工制作模型流程（图片来源：www.materialise.com）

8.1.1　Mimics 软件的优点

利用 Mimics 软件对二维图像进行处理、定位、重建三维模型方面具有以下优点：

1）Mimics 软件可以直接读取 DICOM（Digital Imaging and Communications in Medicine）数据。DICOM 是美国国家电气制造商协会制定的医学图像存储与通信的标准格式，CT、MRI 扫描产生的断层图像能够以 DICOM 格式进行存储。Mimics 软件的自动建模功能对原始图像进行预处理时无须任何形式的图像转换，大大减少了人为处理所造成的各种误差，避免了数据信息的丢失。

注：DICOM（Digital Imaging and Communications in Medicine）即医学数字成像和通信，是医学图像和相关信息的国际标准。它定义了能满足临床需要的可用于数据交换的医学图像格式。DICOM 被广泛应用于放射医疗，心血管成像以及放射诊疗诊断设备（X 射线、CT、核磁共振及超声等），并且在眼科和牙科等领域也得到了深入应用。在数以万计的医学成像设备中，DICOM 是部署最为广泛的医疗信息标准之一，当前大约有百亿级符合 DICOM 标准的医学图像用于临床。

DICOM 标准中涵盖了医学数字图像的采集、归档、通信、显示及查询等几乎所有信息交换的协议；以开放互联的架构和面向对象的方法定义了一套包含各种类型的医学诊断图像及其相关的分析、报告等信息的对象集；定义了用于信息传递、交换的服务类与命令集，以及消息的标准响应；详述了唯一标识各类信息对象的技术；提供了应用于网络环境（OSI 或 TCP/IP）的服务支持；结构化地定义了制造厂商的兼容性声明。

DICOM 标准的推出与实现，大大简化了医学影像信息交换，推动了远程放射学系统、图像管理与通信系统（PACS）的研究与发展，并且由于 DICOM 的开放性与互联性，使得与其他医学应用系统（HIS、RIS）的集成成为可能。

2）Mimics 软件应用简单。在普通计算机上就可以进行大规模数据的转换处理，实现了快速化，缩短了建模时间。

3）建模速度快。Mimics 软件可自动识别、读取 DICOM 格式的原始图像，短时间内便能读取数百张图片，原始数据的转化非常迅速；建模时无须进行手工确定节点坐标及其他处理，利用软件的自动三维重建功能可自动生成 3D 模型，大大提高了建模速度。

4）简化轮廓线提取的过程。用 Mimics 建模不但克服了通过轮廓线建模所遇到的困难，还可以弥补无法完整描述复杂外形的缺点，从而直接生成 3D 模型。

5）模型精确度高。Mimics 软件的 FEA 模块能对原始资料自动赋值，将材质分为 10 个等级，而不再是简单地区分为皮质骨和松质骨，使模型的材质更加精细，其物理特性更加接近于真实，这样就保证了所建模型的高精度。

6）Mimics 软件重建的三维模型进行面网格优化后，可以直接转换为三维有限元软件可识别的格式，进而生成有限元模型，提高了工作效率。

8.1.2　Mimics 软件界面布局

Mimics 软件的窗口与菜单布局类似经典的 Windows 布局，界面非常直观，容易上手。它主要由标题栏、菜单栏、主工具栏、分组工具栏、项目管理器和视图区等组成。

1. 标题栏

标题栏显示项目的一些信息，包括项目名称——Mimi（默认为患者的姓名）、断层图像的来源——CT Compressed 和图像压缩方式以及软件版本，如图 8-2 所示。

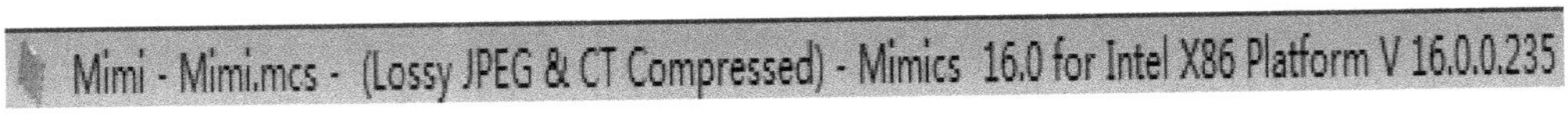
Mimi - Mimi.mcs - (Lossy JPEG & CT Compressed) - Mimics 16.0 for Intel X86 Platform V 16.0.0.235

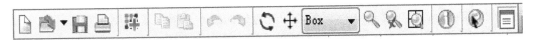

图 8-2　标题栏

2. 菜单栏

Mimics 菜单为标准的 Windows 菜单栏，如图 8-3 所示。

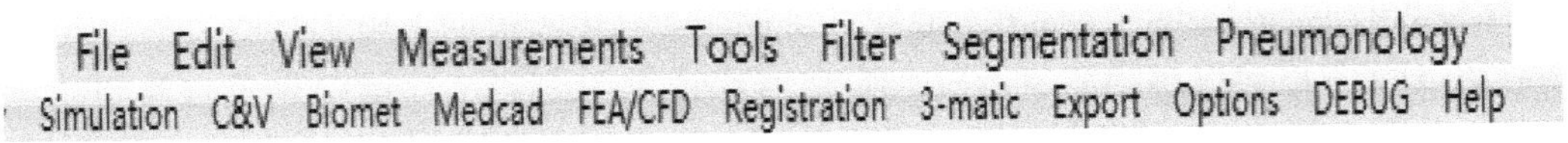
File Edit View Measurements Tools Filter Segmentation Pneumonology
Simulation C&V Biomet Medcad FEA/CFD Registration 3-matic Export Options DEBUG Help

图 8-3　菜单栏

3. 主工具栏

主工具栏包含 File（文件）、Edit（编辑）和 View（视图）菜单中的常用命令，以及显示项目信息按钮、帮助按钮和显示/隐藏项目管理器按钮，如图 8-4 所示。

Box

图 8-4　主工具栏

4. 分组工具栏

分组工具栏包括 Segmentation（分割）、Tools（工具）、Navigation（导航）、Medcad（医学计算机辅助设计）和 Simulation（仿真）" 等 9 个子工具栏，如图 8-5 所示。其中导航子工具栏提供了 3 个正交断层图像坐标的显示和控制工具，其他 4 个工具栏重复了相应菜单中所有的命令按钮。

Segmentation C&V Measurements Navigation Medcad Tools Simulation Pneumonology 3-matic

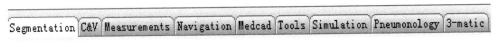

图 8-5　分组工具栏

5. 项目管理器

Mimics 软件为图像处理软件，其处理过程类似于任何工业产品的加工过程，经过一系列前后连续的流程或工序，原材料逐步变成半成品、成品。所有的这些原材料、不同阶段的半成品、成品以及在加工过程中的辅助测量工具等在软件中称为"Object（对象）"，这样一个完整的加工过程称为"Project（项目）"。

项目管理器是所有 Mimics 对象的数据库，每个标签都对应着 Mimics 的一个对象类型。通过项目管理器可以很方便地管理和访问所建的各种对象。同时，常用的工具在项目管理器的每个标签下列出，单击下拉按钮时会看到相关工具的列表。

6. 视图区

视图区由三维影像的 3 个视图（轴视、前视、侧视）及三维视图组成。在默认配置时，

Mimics 软件在操作区显示 4 个窗口，如图 8-6 所示。右上视口显示原始横断面（XY 平面），红色边框；左上视口为重组冠状面（XZ 平面），橙色边框；左下视口为重组矢状面（ZY 平面），绿色边框；右下视口为 3D 视口，淡绿色边框。

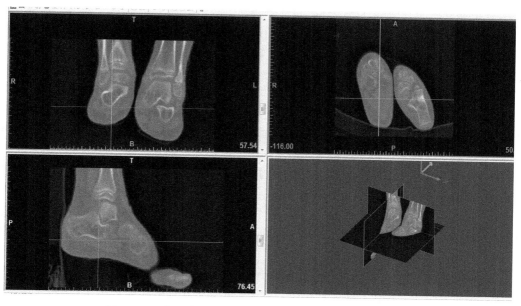

图 8-6　三个正交平面的断层图像浏览和 3D 模型操作视口

用户可以通过拖曳视口间的边界来调整视口的大小，也可以在不同的视口中看到标尺（tick marks）、十字交叉线（intersection lines）、断层位置（slice position）和断层方位（orientation strings）等指示信息。

8.1.3　Mimics 模块分类

Mimics 包括多个模块，是模块化结构的软件，可以根据用户的不同需求进行不同的搭配。图 8-7 给出了基础模块与功能模块之间的链接，以及主要的应用领域。

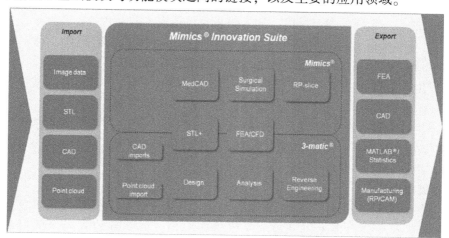

图 8-7　Mimics 模块间的链接与应用领域（图片来源：www. materialise. com）

1. MEDCAD 模块

MEDCAD 模块是医学影像数据与 CAD 之间的桥梁，通过双向交互模式进行沟通，实现扫描数据与 CAD 数据的相互转换。

在 Mimics 的项目中建立 CAD 项目的方法有以下两种：

1）轮廓线建模：在分割功能状态下，Mimics 自动在分离出的掩模上生成轮廓线，MEDCAD 模块能够在给定误差的条件下自动生成一个局部轮廓线模型，进而用于医用几何学 CAD 模型中。

创建 CAD 模型的可能方法：B 样条曲线及曲面、点、线、圆、曲面、球体、圆柱体等。所有这些实体均可以 IGES 格式输出到 CAD 软件中制作植入体；另一个典型的运用是用 MEDCAD 模块做统计分析，如测量很多不同股骨头的数据，为建立标准股骨头植入体时做参考。

2）参数化或交互式 CAD 建模：可在 2D 或 3D 视图中直接创建 CAD 对象，或者用参数设置的方式创建（如定义圆心、半径来创建一个圆），创建后可用鼠标进行交互式编辑。

方便设计验证：为验证 CAD 植入体的设计，Mimics 输入 STL 文件格式在 2D 视图及标准视图中显示，或在 3D 视图中显示，用透明方式显示解剖关系。使用这一方法可以快速实现医学影像在 CAD 软件中的调用。

2. RP-SLICE 模块

RP-SLICE 模块在 Mimics 与多数 RP 机器之间建立 SLICE 格式的接口，RP-SLICE 模块能够自动生成 RP 模型所需的支撑结构。针对 RP 机器的快速而精确的数据转换，用 RP Slice 技术可以进行大文件的处理，并维持很高的解析度。在建立切片文件时，用三次插值算法来提高 RP 模型的解析度。

支撑的成孔技术是 Materialise 公司的一项专利技术，不仅能使成型制造过程加快 4 倍，还能节省材料，生成的支撑比传统方式生成的更易清理。

1）切片：Rp-slice 可在很短时间内进行最佳、最精确的数据转换，输出 SLI、SLC 格式到 3D System 系统，CLI 格式到 EOS 系统。高阶的插值算法能使得扫描数据变成具有完美表面的 3D 实体模型。

2）着色：Rp-slice 支持彩色光敏材料，牙齿、牙根、腺体、神经管等均能在模型中显著标注出来，这是一个新的参考维度，病人信息也可用嵌入或彩色的标签标示。

3）参数：RP-slice 允许对层厚、解析度及缩放比例等参数进行设置，有多种过滤方式可供选择，如最小段长度过滤、最小轮廓长度过滤和直线偏差校正。

4）支撑生成：自动生成在快速成型中所需的支撑的结构，并以相应的文件格式自动输出（SLI、SLC 及 CLI 格式），是一种更快速的成型前数据准备方法。

5）支撑生成参数选择：RP-slice 使得在 XY 坐标平面内定义支撑成为可能，并有几种可供选择的支撑生成参数，可定义支撑的长度及成孔角度、无支撑的最大倾角及支撑的起始和结束高度。

3. 手术模拟模块

Mimics 手术模拟模块是手术模拟应用的平台，可用人体测量分析模板进行细部的数据分析，对骨切开术及分离手术以及植入手术进行模拟，或解释植入手术的过程，有很大帮助。

（1）人体测量分析

要进行人体测量分析，先选取一个模板，预先设定所需的标记、参照面及测量方式，平面及测量方式所需的标记点被确定之后，平面及测量方式也就被确定下来，如果没有合适的模板，则可以自定义模板。

1）标记列表：能对标记点进行创建、复制、编辑、删除等操作，在进行以上操作之前每个标记点都有各自的默认属性，可以编辑的特性包括标记名称、颜色、描述。

2）平面列表：第二个列表可以方便用户定义一个或更多可供分析的平面，要定义一个分析面必须先定义标记点或基于一个事先生成的模板中的平面。

3）测量列表：有多种方式可供选择以测量角度或距离。对于距离的测量，不论是在两点之间还是一点与一个面之间均可测量；对于角度的测量，可以用三点法及两线法（每条线由两个点决定）。注意：测量只能在模板中已定义的点及面中进行。心血管的测量与分析，如图 8-8 所示。

图 8-8　心血管的测量与分析

（2）手术过程模拟

Mimics 手术模拟功能为外科手术模拟提供了强大的 3D 工具包，有多种模拟骨切开手术及分离手术的工具及 STL 文件的操作可供选择。

1）切割。两种切割工具可供选择：多义线切割及带切割面的多义线切割。在多义线切割中，用户用画线的方法来定义一个切割曲线，切割面垂直于视平面，如果切割深度没有切透，则这个切割将是无效的；带切割面的多义线切割法是一个自由的切割工具，可以在 3D 及 2D 中进行拖动切割，切割轨迹将在 2D 及 3D 中实时显示。

2）分割。这一功能可将一个对象分成彼此独立的 3D 模型，然后建立多个不同的局部 3D 模型。

3）融合。融合功能将所选的不同模型变成一个模型。

4）镜像。镜像功能可以将选定的对象沿一个设定的平面或一个已有平面（从人体数据分析或 MEDCAD 得来）镜像生成新的对象，也可以选取多个对象进行镜像操作。图 8-9 所

示为镜像患者的组织结构。

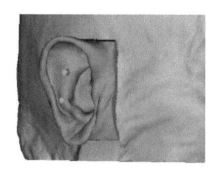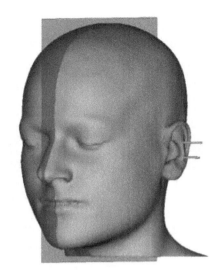

图 8-9　镜像患者的组织结构

5）放置牵引。经过切割操作后，可从数据库中选取合适的牵引器安放在 3D 模型上进行对比。因为切割操作不可能是自动进行的，所以操作者必须了解所选牵引器的正确使用方法。

6）牵引位的调整。为了模拟牵引器的定位及调整，牵引器移动的分析视图可做参考。

7）定位功能。对象可以移动也可以旋转，任意一种操作方式都可以用以达到用户的目的。有以下几种对象的修改方式可供选择：沿轴向移动、平面内移动、沿轴旋转、沿点旋转，当然没有这些限制的操作也是一种选择。注册功能可方便地用标记点调整对象，也可用鼠标移动来调整对象。

8）附加功能。载入的 STL 文件可被添加到项目管理器中，项目管理器中的 STL 标签下的按钮可对 STL 文件进行旋转、移动等操作。

4．Mimics STL + 模块

Mimics STL + 模块通过三角片文件格式在 Mimics 及 RP 快速成型技术间进行交互，二元及中间面插值算法能保证快速原型件的最终精确度。

1）输出格式：标准的 3D 文件输出格式，如 STL 或 VRML（虚拟现实文件格式），STL 文件格式可用在任何 RP 机器上，强大的自适应过滤功能能够显著减小文件的大小，可以从掩模、3D 图及 3D 文件格式输出。输出的文件格式包括 ASC Ⅱ STL、Binay STL、DXF、VRML 2.0 和 PointClouds。

2）参数设置：可选择几种参数，STL + 模块可减少输出文件的三角片数量，通过对图像进行插补运算可以对 3D 模型进行光顺处理。

3）以下两种方式可以降低三角片的数量：矩阵缩减及三角片缩减。矩阵缩减可以对体素（或像点）进行组合来计算三角片；三角片缩减可以在网格划分过程中减少三角片的数量，减少三角片的数量有利于对文件的操作。

4）通过对图像的插值来生成 3D 网格也有两种方法：灰度插值及轮廓线插值。轮廓线

插值是在图像平面内的 2D 插值，从而使这些图像能在高度方向进行拓展；灰度插值是真正意义上的 3D 插值，当需要的图像显示质量优于 3D 重建和 STL 文件精度时，可以应用连续算法功能，反之用精确算法。光顺算法能使粗糙的表面更光滑。

8.2　人体脊椎重建实例

　　脊椎作为人体的中轴，是身体的支柱，是支撑生命的大梁，具有负重、减震、传递信息、保护和运动等功能。脊椎出现问题可能引起颈肩痛、腰腿痛，甚至引起心律失常、头痛、眩晕、胃痛、腹泻、血压增高等严重疾病。常见的脊椎病症状如图 8-10 所示。

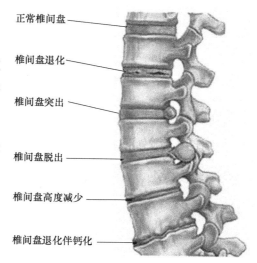

图 8-10　常见的脊椎病症状

8.2.1　DICOM 图像导入与预处理

1. 导入 DICOM 图像

　　1）在主工具栏中单击 "New project wizard" 命令，弹出图像选择对话框。找到脊椎数据所在的文件夹，单击第一个 DICOM 图像，按住〈Shift〉键，再单击最后一个 DICOM 文件，即可快速选取所有数据，单击 "Next" 按钮，如图 8-11 所示。

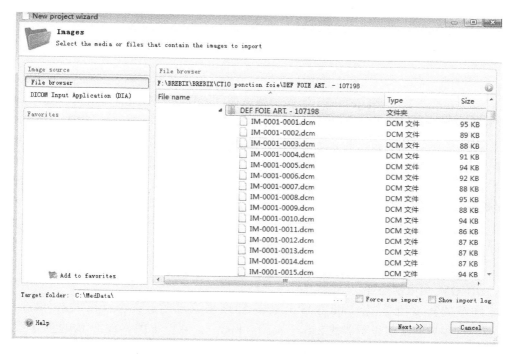

图 8-11　导入 DICOM 图像

3D 打印技术基础教程

2）Mimics 会直接读取 DICOM 图像所带有的标签，自动创建一个 Mimics 项目文件，并弹出图 8-12 所示的图像序列检查窗口。

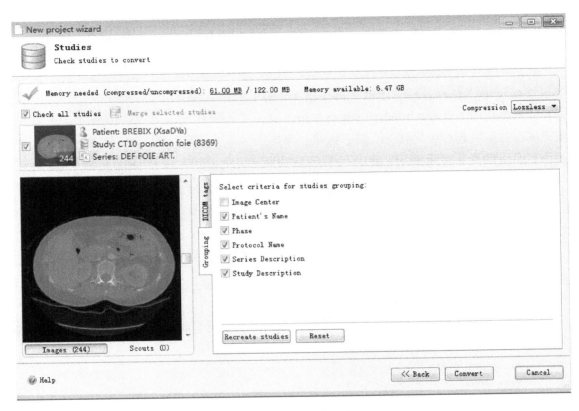

图 8-12　图像序列检查窗口

3）设置转换参数。"Skip Images"按照输入值间隔取部分断层图像输入。在"Compression"下拉列表中有以下 3 种供选择的压缩方式：CT、MR 和 Lossless。其中，CT 为有损压缩，因为 CT 图像矩阵中的元素值低于 200（像素的灰度值）的值小于空气扫描的灰度值，无临床意义，所以 CT 压缩将小于 200 的元素值都压缩为 0。同样，MR 压缩将小于 10 的元素值都压缩为 0。只有 Lossless 为无损压缩。选中"Invert Table Position"复选框将翻转图像输入的顺序。转换参数设置完成后，单击"Convert"按钮进行转换。

4）转换完成后弹出图 8-13 所示的方位输入面板。用右键单击方位字符，选择正确的方位（AP 为前后，RL 为右左，TB 为上下），最后单击"OK"按钮完成 DICOM 图像导入操作。

2. DICOM 图像预处理

CT 图像的灰度值是以 Hounsfield（HU）标度来表示的。这个标度共有 4065 个梯度（12bits），这些梯度映射显示器的 256 个灰阶（8bits），涵盖了图 8-14 所示的直方图上全部范围的视窗可以观察到的所有组织。范围较窄的视窗能够更好地观察软组织或松质骨内部的细微差别。

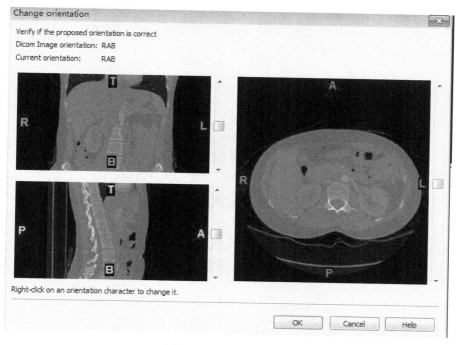

图 8-13　方位输入面板

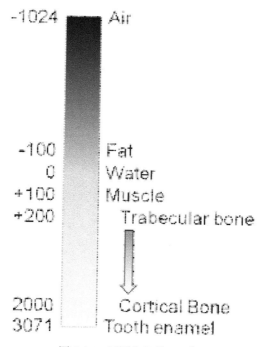

图 8-14　不同组织的 CT 值

选择项目管理器中的"Contrast"标签，用鼠标左键选中线或两端点中的一点，移动鼠标改变软组织结构的对比度，并观察不同对比度的预设置，如图 8-15 所示。

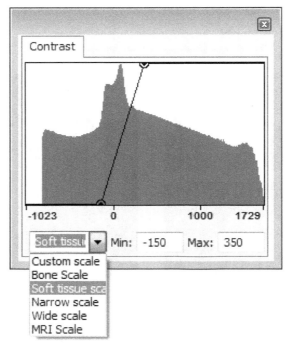

图 8-15　"Contrast"标签下调整对比度

8.2.2　Mimics 图像分割

图像分割就是将图像中具有特殊意义的不同区域区分开来。临床连续断层数据集是包含三维结构信息的体数据集，体数据的分割与二维图像的分割类似，即将体数据集中具有特殊意义的体素分割出来。如图 8-16 所示，从一块正方体中分割出一个模型。体数据的分割有以下两种方法：一种是对每张二维切片独立进行分割；另一种是直接对三维体数据集进行分割。

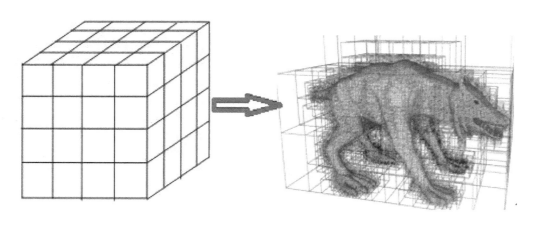

图 8-16　体数据分割示意图

Mimics 中图形分割的结果以二值的蒙版（Mask）保存。蒙版为独立于原始断层图像的二维图像，与原始断层图像一一对应的二值蒙版也组成一个三维体数据集，其与原始体数据集不同的是体素的值只有 0 和 1，因此可以在项目管理器"Mask"标签下对蒙版进行管理，如复制、重命名以及改变蒙版标记颜色等。

1. 阈值分割（Thresholding）

选择"Menu bar→Segmentation→Thresholding"命令，弹出"Thresholding（分割工具）"对话框，选中"Fill holes"复选框，设定分割阈值，单击"Apply"按钮，分割结果保存为蒙版，如图 8-17 所示。阈值分割结果如图 8-18 所示，脊柱部位标记为绿色，并已经被初步分割出来。

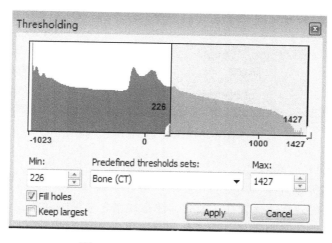

图 8-17　"Thresholding"对话框

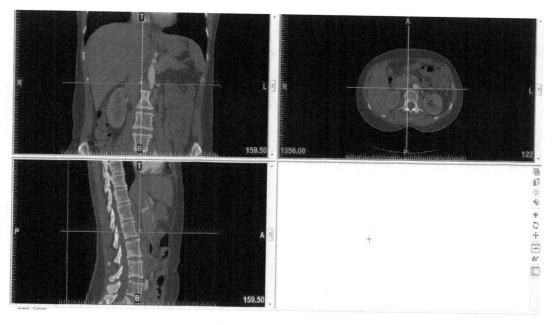

图 8-18　阈值分割结果

2. 区域增长（Region Growing）

由于在获取医学图像过程中，真实信息都会存在一定的噪声，经过阈值分割后，不能完全获得所需要的部分，还需要对初步阈值分割蒙版上彼此不相连接的分割区域进一步细分亚组，生成新的蒙版。

选择"Menu bar→Segmentation"→"Region Growing"命令，弹出区域增长工具栏。设置参数：从"Source"下拉列表中选择所要细分的原始蒙版（Green）；在"Target"下拉列表设定目标蒙版，目标蒙版默认是生成一个新的蒙版，也可以是一个已经存在的蒙版；"Leave Original Mask"设定生成新的蒙版时选择的连通分割区域在原始蒙版中是否保留；"Multiple Layer"设定在单层蒙版上还是在整个三维空间中选择连通的分割区域。参数设置完成的区域增长工具栏如图 8-19 所示。

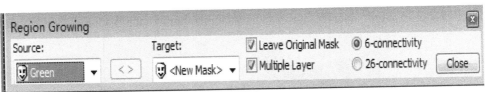

图 8-19　区域增长工具栏

3. 编辑蒙版（Editing Masks）

Mimics 提供了多种蒙版编辑功能。先使用"裁剪蒙版（crop mask）"按钮，拉伸白色边框，选定脊柱所在区域。在选择脊柱区域时，注意观察 3 个视图同步变化，避免剪切掉脊柱的任何一部分。裁剪后的蒙版会有一些多余部分，单击"编辑蒙版（edit mask）"工具，用手动方式编辑蒙版，剪掉多余部分，如图 8-20 所示。

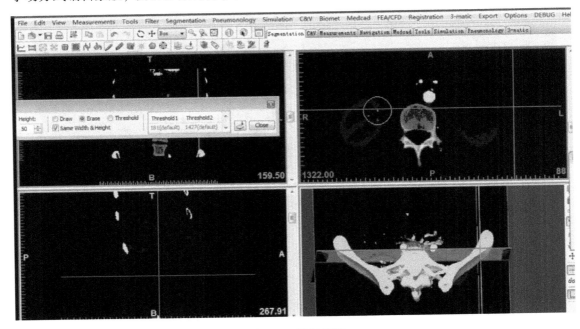

图 8-20　编辑蒙版

8.2.3　Mimics 三维重建

1. 计算 3D 模型

1）选择"Menu bar"→"Segmentation"→"Calculate 3D"命令，弹出"Calculate 3D（三维重建）"对话框，如图 8-21 所示。

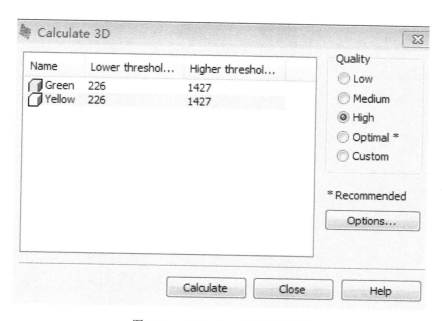

图 8-21　"Calculate 3D"对话框

如果重建质量参数（Quality）选中"Low"，则计算速度快，但是精度低；选中"High"，则精度高，但是计算速度慢。Mimics 软件会根据用户的计算机的性能，用"＊"标出系统推荐的默认选择。单击"Calculate"按钮执行此操作，计算结果将显示在 3D 视口中。

2）如果需要调整重建参数，以缩减三角面片，优化重建结果，则可以单击"Options"按钮，弹出图 8-22 所示的参数设置对话框。

① Interpolation method（插值方法）：选择三维重建时三角面片的拟合方法，可以是"gray value（体素）"或"contour（轮廓）"。

② Shell Reduction（减少壳体）：Mimics 用三角面片组成的封闭面描述三维模型，每个封闭的面称为一个壳。当蒙版包含几个不同连通的部分时，或者一个连通的部分内部有空洞（不连通的面）时，重建的三维模型可能包含多个壳，通过设置"Largest shells"的数目，以决定保留较大壳的数目。

③ Smoothing（光顺度）："Iteration（迭代次数）"表示执行多少次光顺处理；"Smooth factor（光顺因子）"的取值在 0~1 之间，表示光顺时三维模型局部几何构象的重要性，其值接近 0，表示只能很少改变三维模型局部的几何形状；其值接近 1，则表明可以将三维模型光顺成一个圆球。

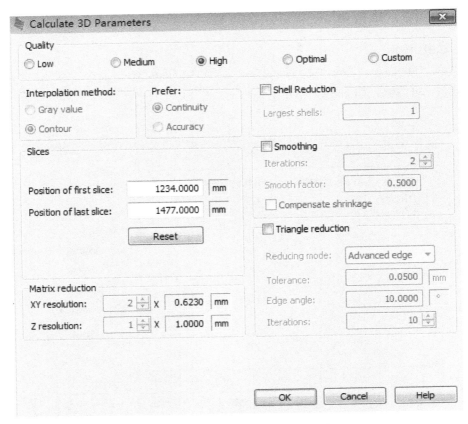

图 8-22　Calculate 3D 参数设置对话框

④ Slices（切片）：软件默认对所有蒙版层面进行重建，用户可以输入切片范围，只对范围内的蒙版进行重建。

⑤ Matrix reduction（矩阵压缩）：通过体素合并，减少蒙版体素的数量来减少三角面片，即蒙版总体积不变，每个体素体积变大，总的体素个数减少。体素在 XY 平面上为正方形，其大小用其边长表示，即 XY 平面分辨率。体素在 Z 轴的长度即 Z 轴的分辨率。如果在"XY resolution"文本框中输入"2"，在"Z resolution"文本框中输入"1"，则表示每个体素的体积为原来的 4 倍（$2 \times 2 \times 1 = 4$），整个蒙版的体素个数减少到原来的1/4。

⑥ Perfer（压缩算法）：当在 XY 平面上进行矩阵压缩时，可以设置压缩算法。"Continuity"算法使得模型外观较好，但精度下降，模型三维尺度要比实际增加；选择"Accuracy"算法，则模型外观对噪声敏感，可出现小间隙，但是模型精度较高。

⑦ Triangle reduction（三角面片缩减）：用户设定允许误差，对三角面片重新剖分，以缩减三角面片的数量。

2. 3D 模型优化

在 3D 模型优化前，先来熟悉一下"Wrap（包裹）"命令。包裹命令相当于将三维模型包裹起来，与光顺的方法不同。如果说光顺相当于用砂纸将墙壁打磨平的话，那么包裹就相当于用泥浆把墙壁抹平。包裹处理后的三维模型是单一的封闭壳，即无孔、无悬浮面片或自交面片。

对选择的三维模型进行优化，可以执行以下操作：选择 "Menu bar" → "Tools" →
"Wrap" 命令，弹出相应的对话框，在 "Objects to wrap" 下拉列表中选择准备包裹的三维
模型，如图 8-23 所示。

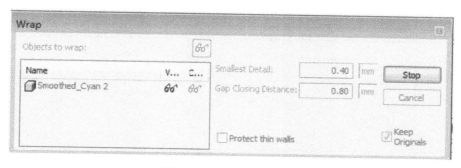

图 8-23 　"Wrap" 对话框

设置包裹参数：在 "Smallest Detail" 文本框中输入用来包裹的三角面片的最小尺度
（可以理解为用渔网包裹一个物体时，渔网网格的大小）；在 "Gap Closing Distance" 文本框
中设置三维模型将被包裹空隙的间隙长度，小于此长度的间隙将被包裹填平；"Protect thin
walls" 关系是否保护模型上纤细的峭壁状突出部分，如不保护，则尺寸小于 "Smallest De-
tail" 值的壁状突三角面片将塌陷（collapse）；如保护，则这些壁状突的包裹将使模型表面
增厚，增厚的尺寸依赖设定的 "Smallest Detail" 值。

参数设置完成后，单击 "OK" 按钮，结束 3D 模型优化。图 8-24 所示为优化后的脊柱
模型。

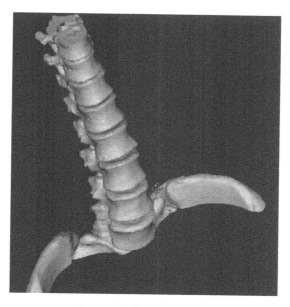

图 8-24 　优化后的脊柱模型

3. 导出 STL 模型

单击 "export" → "export to Binary STL" 命令，选择 "3D" 选项卡。从列表中选择要

导出的对象，单击"Add"按钮将其复制到"Object to convert"列表，单击"Finish"按钮完成导出，如图 8-25 所示。

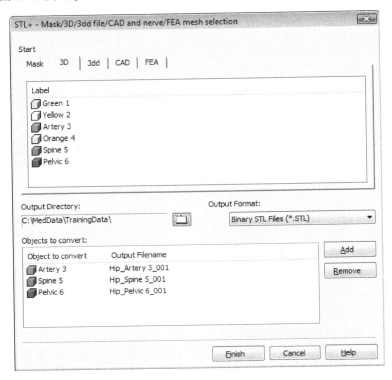

图 8-25　导出 STL 模型

8.2.4　3D 打印人体脊椎

按照 CT 数据集重建的人体脊柱模型实际比例往往比较大，考虑到 3D 打印机打印时间、打印尺寸及机器稳定性等因素，这里将脊柱进行分段打印。将人体脊柱模型导入到 Magics 软件中进行切割处理。切割处理后的某段脊柱模型如图 8-26 所示。

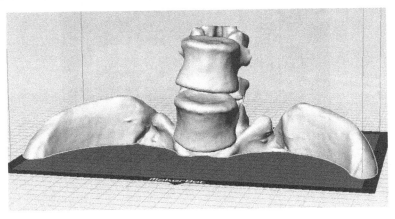

图 8-26　切割处理后的某段脊柱模型

利用 MakerBot Replicator 2 打印机将每一段切割脊柱模型进行打印，打印完成的每段模型经过后期打磨处理并组装成完整的人体脊柱模型，如图 8-27 所示。

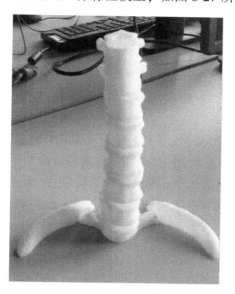

图 8-27　人体脊柱模型

读者可以根据人体不同部位（膝盖、胸、足、头和大脑等）的 CT 体数据集，利用 Mimics 软件创建不同的人体三维模型，以便熟练掌握软件的操作与应用。图 8-28 所示为根据足的体数据集打印完成的足骨部位模型。

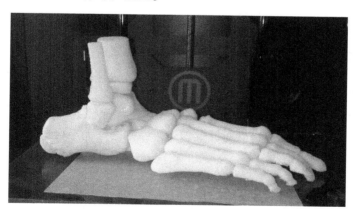

图 8-28　足骨部位模型

8.3　习题

1. Mimics 软件处理二维图像的六大优点是什么？
2. 简述 Mimics 模块的组成与作用。
3. 下载 DICOM 图像进行 Mimics 软件练习。

第 9 章

3D 打印问题解析与打印技巧

3D 打印机之所以被称为"神器",是因为它可以让计算机上的任何"蓝图"转变成实物。事实上,用户常常会由于在使用 3D 打印机的过程中操作不当或缺乏打印技巧而引起本不该发生的问题。一旦机器出现故障,模型的质量就会变得相当糟糕,甚至打印失败。本章针对 3D 打印过程中经常出现的问题进行解析。另外,在实际操作中请务必参考设备说明书,必要时可在创客或 3D 打印网站上搜索相关资料。

9.1   3D 打印问题解析

9.1.1   打印平台调平

通常,每台 3D 打印机都会配有调平控制系统,不同厂家生产的 3D 打印机配备的调平控制系统是不同的,但原理是相似的。这里的调平不仅指调整平台水平度,还包括调整平台与喷嘴间距在一个合理范围内。如果平台离喷嘴太远,则热熔丝无法粘紧平台;如果平台离喷嘴太近,则平台会影响喷嘴的出丝,导致打印失败。

打印平台的调平工作直接关系到打印作品的质量,新购买的或者长时间未使用的 3D 打印机在运行前都需要进行此项工作。平台与喷嘴间相差约 0.3mm 为最佳距离。

平台调平步骤如下:

1)如图 9-1 所示,打印平台的调整是由底部弹簧和弹簧下方的螺母控制的。逆时针旋转螺母,减小平台与喷嘴的距离;顺时针旋转螺母,则会增大平台与喷嘴的距离。

图 9-1   打印平台调节螺母

2）单击"Utilities"→"Level Build Plate"命令（不同 3D 打印机的操作系统中"Level Build Plate"命令的位置是不同的），打印机会自动调整平台与喷嘴的大致距离，随后喷嘴按照系统设定路径依次移向平台某几个特定点。每次移动到特定点时，喷嘴都会自动暂停。MakerBot Replicator 2 打印机的调平工作喷嘴移动路径及暂停的特定点如图 9-2 所示。

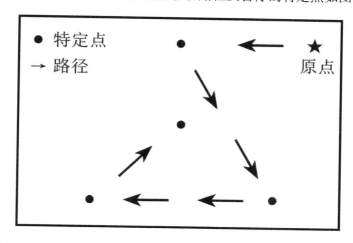

图 9-2　MakerBot Replicator 2 打印机调平工作喷嘴移动路径及暂停的特定点

3）喷嘴暂停时，在平台与喷嘴间插入一张名片或 A4 纸。一边旋转螺母一边来回抽动名片，根据名片所受阻力的大小来调整平台与喷嘴间的距离，直到能感觉喷嘴与名片之间有轻微的摩擦感为止。

4）调整好平台与喷嘴一个特定点距离后，继续下一个特定点，操作方法同步骤 3）。

5）所有的特定点调整结束，每个调节螺母一一得到调整。以上过程重复进行 2～3 次后，即完成了平台调平工作。

如果想检查平台调整效果或对初次调平操作结果没有把握，那么读者可以通过打印图 9-3 所示的样例线框来确定调平效果。

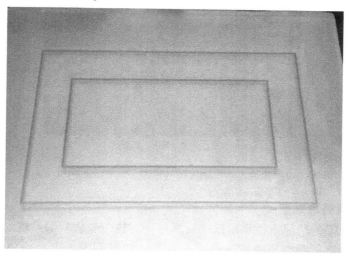

图 9-3　样例线框

打印样例线框时，如果热熔丝不能粘在打印平台上或者出现间断性断丝，以挤出的热熔丝形状来判断距离大小：丝被压扁甚至凹陷，则说明平台与喷嘴距离过小，需要顺时针旋转螺母使平台下降；如果热熔丝过厚或无压扁现象，或不粘平台，则表明喷嘴与平台间距离太大，这时需要逆时针旋转螺母，减小平台与喷嘴的距离。

9.1.2　3D 打印机不出丝

1. 检查料盘耗材

如果料盘耗材有缠绕、打结等不良情况，则将导致打印过程中挤出机拉不动耗材的现象。

2. 查看打印设定温度

询问经销商打印耗材的最佳打印温度，并更改设置，再次尝试打印。一般情况下，ABS耗材的打印温度在 $210 \sim 230 ℃$，PLA 耗材的打印温度在 $190 \sim 210 ℃$。

3. 检查打印平台与喷嘴的距离

如果打印平台离喷嘴太近，两者之间的距离不足以让喷嘴中的热熔丝挤出，也会导致不出丝现象。挤出机在打印第一层或第二层期间停止挤出，这通常表明平台离喷嘴距离太近。

4. 检查挤出机

观察送丝齿轮与如图 9-4 所示的步进电动机轴是否跟转，清理送丝齿轮内残留的耗材粉末，并调节送丝齿轮与导料轮间隙。

图 9-4　步进电动机轴（图片来源：www.makerbot.com）

5. 查看喷嘴是否堵塞

在打印温度合理的情况下，手动送丝观察是否有热熔丝从喷嘴中挤出。如果挤出的热熔丝朝挤出机方向卷取，则说明喷嘴可能部分堵塞；如果喷嘴无出丝现象，则表明喷嘴完全堵塞。

9.1.3　解决喷嘴堵塞

喷嘴的口径太小，再加上喷嘴受热膨胀后不易拆卸等原因使得喷嘴堵塞成为3D打印机用户最头疼的问题之一。下面介绍解决喷嘴堵塞现象的4种事半功倍的方法。

1）将打印温度适当提高5～10℃，再次尝试打印，或许能够熔化喷嘴中的堵塞耗材。

2）退出耗材，加热喷嘴，尝试用金属件（六角扳手、钢丝钩、螺钉旋具等）带出残留物，可以多次反复操作。

3）在加热情况下，用细钢丝或吉他弦从喷嘴下方疏通喷嘴，尝试将聚集在喷嘴壁上的杂质脱离，如图9-5所示。多次疏通后，再次手动送料，观察出丝效果。如果前3种方法效果不理想，则说明喷嘴内部堵塞物体积较大，需要进行第4种方法。

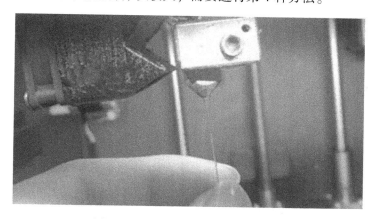

图9-5　用细钢丝或吉他弦疏通喷嘴

4）固定住加热块，用内六角扳手拆下喷嘴，并使用镊子或细钢丝清理喷嘴内部堵塞物或放入高温炉中加热，碳化堵塞物。清理完毕后，可将喷嘴放入超声波清洗机或丙酮溶液中清洁内部表面。

9.1.4　热熔丝粘接问题

开始打印模型时，挤出的热熔丝无法粘牢打印平台的原因如下：

（1）喷嘴与打印平台的距离较远或者较近

如果喷嘴与打印平台距离较远，则挤出的热熔丝在接触到平台时已经冷却，失去黏着能力；如果距离较近，则会导致出料不足或者刚刚粘在平台上的细丝被喷嘴蹭掉。

（2）打印平台温度太高或者太低

若3D打印机打印平台有加热功能，则打印ABS耗材时，平台温度应该稳定在80～110℃左右；打印PLA耗材时，平台温度应该稳定在60℃左右。

（3）打印平台是否贴有胶带

一般情况下，为了更好地让热熔丝粘牢打印平台，打印ABS耗材时会在平台上粘贴高温膜，打印PLA耗材时会在平台上粘贴美纹纸。

（4）打印平台是否清洁

打印平台表面的灰尘、划痕及油渍很大程度上会影响热熔丝的粘牢效果。解决的方法

是，用一块无绒抹布加上一点外用酒精或者清洗剂将平台表面擦拭干净。

（5）打印耗材的问题

各厂家生产的打印耗材质量参差不齐，在保证以上 4 点原因正常的情况下，可以尝试更换一下打印耗材。

9.1.5 翘边问题

翘边是指打印的模型在冷却过程中发生收缩，导致模型边缘翘起而脱离打印平台的现象，如图 9-6 所示。

图 9-6 翘边现象（图片来源：3D 虎）

翘边直接影响到模型的打印质量、打印成本和打印时间等问题，那么采用什么方法才能更好地解决这个常发问题呢？读者可以分别从"外力"和"内力"两个方面入手：

1. "外力"方面

（1）使用辅助工具

打印前，可以在平台上粘贴高温膜、美纹纸或涂抹口红胶，减少翘边现象的发生。

（2）更换打印平台材料

购买一块与打印平台大小一致的 3mm 厚磨砂玻璃，用夹子固定在平台上。打印时启用平台加热功能，效果非常完美。如果 3D 打印机上没有加热功能，则使用方法 1 同样可以解决问题，只不过打印前粘贴美纹纸的工作会比较烦琐。

2. "内力"方面

（1）打印底座（Raft）功能

启用打印底座（Raft）功能会在整个模型底部额外产生一层薄片，使得模型底部不再与打印平台直接接触。底座增加了模型与打印平台的接触面积，减少了翘边问题的发生。但是打印的底座与模型是牢牢粘在一起的，不太容易拆卸。

（2）侧裙（Brim）功能

如果使用 Slic3r 或 Simplify3D 打印软件做切片处理，则可以开启侧裙（Brim）功能。Brim 与 Raft 功能原理类似，只不过 Brim 功能会从模型底层轮廓向外延伸出一层薄片，但模型底层与平台还是相互接触的。薄片的宽度建议设为 5mm 以上，效果会比较明显。

（3）加宽第一层线宽

线宽越宽，从喷嘴挤出的料就越多，热熔丝与打印平台挤压的力就越强，这样可以增加模型与平台的黏着力，进而减少翘边现象。

（4）降低打印速度

在一定程度上，降低 3D 打印机的打印速度也有助于避免翘边问题的发生。

9.1.6　SD 卡识别问题

打印路径文件传输给 3D 打印机有以下两种方式可以实现：①计算机连接打印机进行文件传输；②将文件复制到 SD 卡中，再将 SD 卡插入到打印机卡槽中传输文件，如图 9-7 所示。

1）SD 卡自身损坏。考虑 SD 卡是否损坏，可以更换一张 SD 卡进行尝试。如果可以识别，则说明原 SD 卡已经损坏。

2）SD 卡槽排线损坏。如果更换 SD 卡后，依然不能识别，则需检查 SD 卡小板与控制板的排线情况。

3）SD 卡小板损坏。如果 SD 卡与排线连接正常，则说明 SD 卡小板损坏，此时更换 SD 卡小板即可。

图 9-7　SD 卡传输文件

9.1.7　打印过程中断

1）排除断电的可能。

2）若为 3D 打印机连接计算机打印，则先排除计算机故障，如休眠、死机或蓝屏等，建议使用 SD 卡脱机打印。

3）查看喷嘴和打印平台温度。若显示加热情况下的温度，则有可能为打印机电源功率不足，多试几次还是出现这种问题，就需要更换电源。

9.1.8　恢复打印

打印体积较大的作品时，因为某些不确定的原因导致打印中断，这不仅延误了作品进程，也增加了打印成本。如果不想让整件作品前功尽弃，那么可以根据下面的步骤尝试恢复中断的打印进程：

1）降低打印平台高度，让喷嘴距离模型顶部约 10 ~ 20mm，重新回到初始位置。

2）准确测量已打印模型高度或 LCD 显示屏上显示的 Z 轴高度，在控制软件中手动输入代码 G1 Z〈正确的测量尺寸〉，让 Z 轴移动到模型高度位置。

3）打开模型 GCode 代码，填写准确的 Z 轴测量尺寸并把其之前的代码删除，另存为 XX. gcode。

4）加热到打印温度，用打印控制软件打开 XX. gcode 文件，继续打印。

9.1.9　断丝问题

如果打印过程中出现断丝现象，热熔丝不能及时供应就不能完成正常打印。导致断丝现象发生的原因如下。

1. 挤出机的问题

在长时间的打印过程中，送料齿轮与导料轮间隙扩大，出现打滑现象；同时在送料齿轮的齿间会积累许多耗材粉末，降低了摩擦力。

2. 温度过高的问题

3D 打印机长时间工作，会使机器部件温度升高，导致步进电动机和喷嘴因为过热而发生断丝现象。

3. 模型的问题

打印前，用户没有检测模型是否符合 3D 打印模型设计要求，如流型、封闭性、一定厚度和正常法向，同样会在打印过程中出现断丝现象。

4. 耗材的问题

如果使用的打印耗材质量不合格，如直径误差偏大，含有气泡、杂质等都会引起断丝现象的发生。

5. 喷嘴的问题

在打印过程中，喷嘴出现堵塞问题，这种情况下就无法正常出丝。使用质量差的喷嘴也会造成此类现象。

9.1.10　丢步现象

丢步现象可能由以下因素造成：

1）打印速度过快，适当减低 XY 轴方向上步进电动机的电动机速度。

2）步进电动机电流过大，导致电动机温度过高。

3）皮带过松或太紧。

9.1.11　LCD 显示屏花屏

如果打印中的模型没有出现问题，请不要执行任何操作，让打印机继续工作。打印结束后，关闭机器，重新开机，就会恢复正常。LCD 显示屏花屏可能是室内连接打印机的电源线路没有接地线（与地线联通）造成的，可以考虑把机器移到地线连接正常的房间；也有可能是天气干燥，静电造成的花屏。如果花屏后，打印模型已经出错，请重新启动机器。

9.1.12　巧取打印模型

1）如果使用了口红胶来固定模型，用吹风机从玻璃板背面进行加热，就可以轻松取下。

2）如果是打印平台温度过高且贴有美纹纸，在塑料与平台冷却后，物体更容易脱落。再用配置的刮刀小心地放到物体边缘下方，轻轻地扭动把手撬起模型。

注意：如果强行取下模型，则可能会造成模型的变形或者损坏平台精度，甚至灼伤手部。

9.2　3D 打印技巧

9.2.1　提高 3D 打印机的使用寿命的方法

1）3D 打印机工作前，要仔细做一些检查：喷嘴是否有堵塞或损坏现象，各部分连接线

是否正常，步进电动机轴承和导轨是否需要润滑，打印平台是否校准等。喷嘴内有滞留物的要立即清理干净，零件有损坏或老化现象要及时更换，定期给运动部件添加润滑脂，拧紧松动的螺母。

2）3D 打印机在打印过程中，参数设定不要超出设备的限制范围，以免造成温度过高或者负载过大等问题对设备产生损坏，导致无法打印出理想模型。

3）3D 打印完成后要做好清洁工作。3D 打印机的喷嘴、打印平台、导轨、步进电动机、风扇等上面的污垢、灰尘要及时清理干净。

9.2.2　润滑

3D 打印机工作时发出吱吱的响声，说明 Z 轴上的螺杆和直线导轨组件需要进行润滑保养。具体操作如下：使用干净的无绒抹布在接触到的螺杆上涂抹润滑脂，确保将润滑脂涂抹到螺纹里，然后让螺杆上下运动使得润滑脂均匀分开。使用沾有润滑脂的棉签涂抹在轴承、光轴或惰轮上，并手动来回移动以摊开润滑脂。

9.2.3　清洁

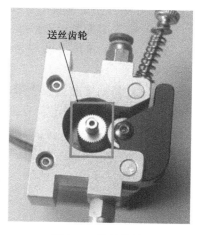

图 9-8　送丝齿轮

每次打印结束后，都会在打印平台上出现许多塑料小颗粒，这是送丝齿轮在推动打印耗材时产生的。送丝齿轮如图9-8 所示。在送丝齿轮长时间使用的情况下，齿间会被塑料小颗粒塞满，影响正常进丝。可以使用小毛刷或吹风机进行清洁工作。当然，拆开挤出机来一次彻底的清理也是不错的选择。

9.2.4　安装打印耗材

1）如图9-9 所示，修剪打印耗材末端，剪断弯曲部分，保证打印耗材不扭转缠绕。

图 9-9　修剪打印耗材末端（图片来源：DreamMaker）

2）打印耗材竖直插入挤出机顶部孔中，继续推入细丝，直到开始看到热熔丝从喷嘴中顺畅挤出。

9.2.5　常用工具

1）一把小铲。可以使用一把很薄的金属小铲，从平台上轻松去除粘得很牢的打印件。具体操作如下：小心地将小铲的边缘插入打印件边缘下方，当打印件边缘从平台表面翘起时轻轻地扭动把手，打印件便会脱落下来。

2）砂纸和锉刀。锉刀非常适合去除打印件表面的小瑕疵或去除遗留的支撑结构，而砂纸更适合打磨表面，修匀层线。使用砂纸打磨时，按照由粗到细的顺序依次打磨，以便获得越来越光滑的表面。

3）小刷子或小型吹风机。可以使用这两种工具清理挤出机上的残渣或灰尘。

9.2.6　更换打印平台胶带

大多数用户都会在打印平台表面粘贴一层耐高温膜、美纹纸或聚酰亚胺胶带（Kapton）来解决翘曲问题。美纹纸更换相对简单，聚酰亚胺胶带像贴手机膜一样有点难度。可以按照下面的方法轻松更换聚酰亚胺胶带：

1）撕下旧聚酰亚胺胶带，并准备一个塑料铲或银行卡。

2）在新的聚酰亚胺胶带较短边缘处向后掀起约 20mm，将露出的 20mm 的聚酰亚胺胶带粘贴在平台表面。

3）在粘贴聚酰亚胺胶带的同时，用塑料铲或银行卡一点点地滚压塑料薄膜以将新露出的胶带抹平并挤出气泡，直到整个平台粘贴完毕，如图 9-10 所示。

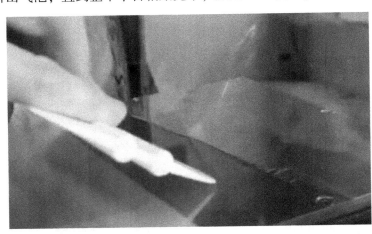

图 9-10　粘贴聚酰亚胺胶带

4）如果聚酰亚胺胶带下面仍有气泡，请掀起离气泡最近的胶带边缘，使用塑料铲或银行卡将胶带从中心向边缘抹平。

5）均匀地粘贴聚酰亚胺胶带后，修齐胶带纸边缘或折到底板的侧面。

9.2.7　存放打印耗材

为了保证耗材不失效，必须将打印耗材存放在凉爽干燥的地方。高温和潮湿环境可能会导致耗材吸收水分并膨胀。为了避免吸收水分，请将不使用的耗材存放在密封的塑料袋中，

并确保耗材紧紧缠绕在卷轴上。松散的材料会缠结在一起，影响打印期间的使用。

9.2.8　禁止的行为

1）不要在完成打印后立即关闭机器。应该先让风扇将挤出机冷却下来，随后再关闭机器，防止发生喷嘴堵塞现象。

2）不要将液体洒到 3D 打印机中。无论是开水、丙酮还是其他液体都可能对设备造成一定程度的损害。

3）不要使挤出机过热。除自带加热器外，不要使用或安装任何其他设备加热挤出机。

4）不要使用锋利的工具从平台上取下模型。虽然可以使用小刀或刮胡刀片去除打印件，但也可能会刮伤手臂。

5）不要使用任何种类的金属工具钻清理喷嘴。如果改变了喷嘴的直径或形状，则将无法挤出准确的热熔丝量或确定正确路径。

9.3　习题

1. 简述 3D 打印机平台的调平步骤。
2. 解决喷嘴堵塞的常用方法有哪些？
3. 3D 打印机打印中出现断丝可能是哪些原因造成的？
4. 如何快速更换打印平台胶带？
5. 3D 打印机不出丝的原因可能有哪些？
6. 简述存放耗材要注意的事项。

3D 打印机套件组装

RepRap 是由英国巴斯大学机械工程高级讲师 Adrian Bowyer 博士于 2005 年创建的一个开放源码设计项目，其中声誉最高的 Ultimaker 就是基于开源的 RepRap 打印机 DIY 平台。最近几年国内桌面级 3D 打印机得到快速发展的一个重要原因就是国外开源项目的公开性，任何人都可以去相关网站下载设计资料，包括电路部分、机械组件图以及软件的源代码，只要拥有能力，完全可以组装一台属于自己的 3D 打印机。

例如，科技创新公司乐享 3D 推出的一款作为 JoysMaker 系列创客级产品的 JoysMaker-R2 打印机，提供多种框架、套件选择，让 DIY 爱好者有机会亲手打造一台精度高、速度快、性能优越的 3D 打印机。

JoysMaker 系列创客级产品有以下四大优点：

1）精度高。独特的送丝结构，麻省理工科研结晶，XY 轴精度为 0.125 mm，Z 轴最小层厚可达 0.05 mm，挑战人类视觉极限，配合后期处理，效果媲美光固化成型。

2）速度快。十字轴结构区别于同类打印机，具有打印头轻巧、便于移动、减少惯性误差等特性，最高可达 150mm/s 的打印速度和最快 500mm/s 的移动速度。

3）大容量。精心优化的框架布局，在最小的框架体积内压榨出最大可达 310mm×210mm×400 mm 的成型体积。

4）易上手。全新操作概念，简化操作流程，去除烦琐的平台调平、送换料等手工步骤。

1. 3D 打印机的组装

（1）JoysMaker-R2 组装套件

JoysMaker-R2 组装套件如附录图 1 所示。除了套件之外，附录图 2 所示的组装工具也是不可缺少的。

由于 3D 打印机的框架结构、挤出机类型和 X、Y、Z 轴的运动组件各异，致使各个型号的 3D 打印机组装过程并不相同。本节仅给出了 JoysMaker-R2 打印机整体的组装流程步骤，更多的详细内容请参考用户手册和网络信息。

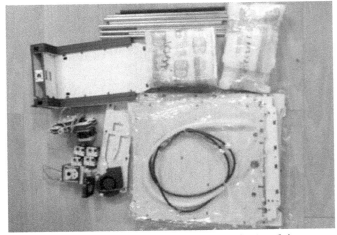

附录图 1　JoysMaker-R2 组装套件（图片来源：乐享 3D）

（2）框架

装配框架前，用户需要找出面板（见附录图 3）、限位开关（见附录图 4）以及相应螺钉、螺母、垫片等物品。每块面板上有标记的一面属于框架的内部面。

附录图 2　组装工具

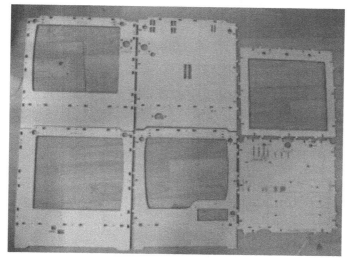

附录图 3　面板

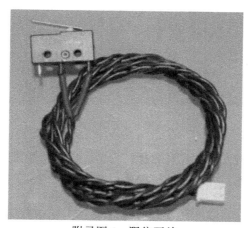

附录图 4　限位开关

1）安装限位开关。

在后板、前板和左板编号处分别安装两个限位开关，并且弹簧片应朝向内侧，如附录图 5 所示。其中，后板下方两处使用短线限位开关，前板、左板限位开关的弹簧片向下。限位开关安装无须拧紧，以备后续调整。

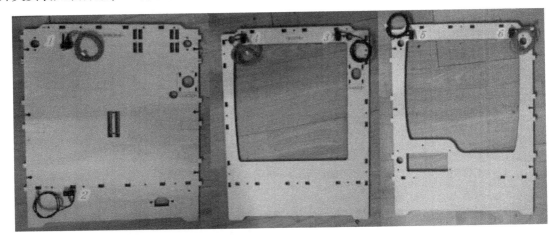

附录图 5　安装限位开关的面板

2）组装框架。

① 将后板置于桌面上，按插槽和插孔的位置分别安装顶板、底板及前板，安装好后可拿螺钉稍加固定。安装效果如附录图 6 所示。

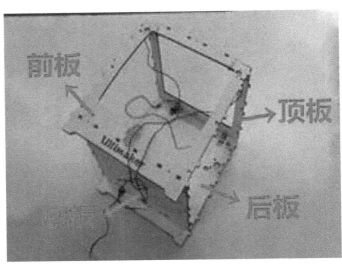

附录图 6　安装效果

② 按插槽和插孔的位置安装左板和右板，安装完成后可用螺钉稍加固定。

③ 安装面板上的所有螺钉并调整螺钉松紧。装配完成的框架效果图如附录图 7 所示。

3）安装框架附件。

① 在后板外侧安装挂料机挡片，如附录图 8 所示。为了防止碰撞打印平台，螺母应朝

向外侧。

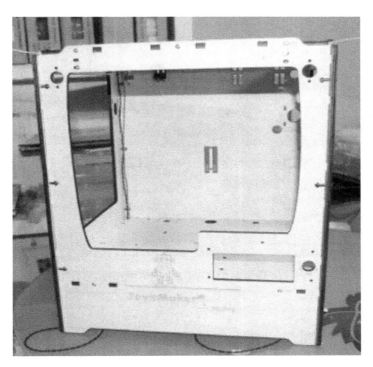

附录图 7　装配完成的框架效果图

附录图 8　安装挂料机挡片

　　② 在顶板和底板上分别安装两个 Z 轴定向轴挡片，如附录图 9 所示。为便于定向轴安装，只上一个螺钉即可。

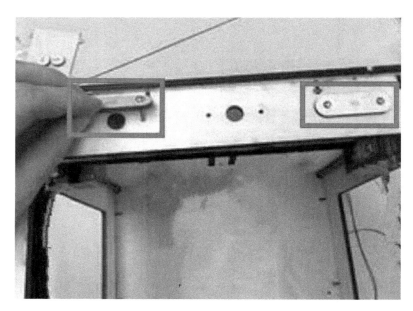

附录图 9　安装 Z 轴定向轴挡片

（3）X-Y-Z 电动机

1）安装 X-Y 电动机。

① 如附录图 10 所示，安装 X-Y 电动机同步轮，装配完成后拧紧同步轮螺钉。

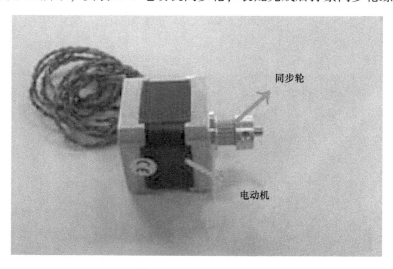

附录图 10　安装同步轮

② 从框架外侧插入螺钉，并在螺钉上放入尼龙柱，随后将短传送带套在电动机轴上，如附录图 11 所示。

③ 其他螺钉和尼龙柱安装完成后，稍微拧紧螺钉即可。

2）安装 Z 轴电动机。

① 在底板下侧的电动机安装位置装配短线电动机并用螺钉固定，如附录图 12 所示。

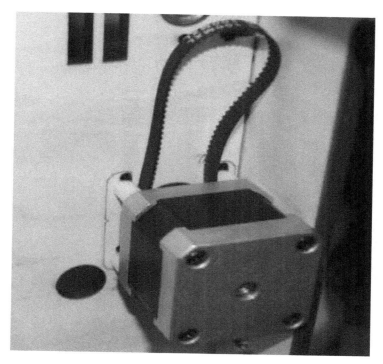

附录图 11　安装 X-Y 电动机

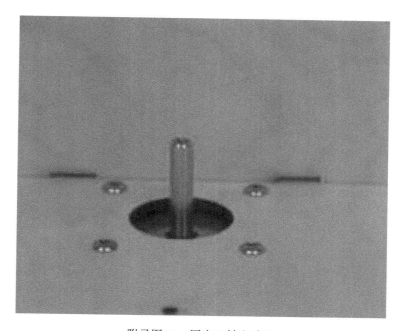

附录图 12　固定 Z 轴电动机

② 将已经调整好位置的联轴器安装到 Z 轴电动机轴上，并拧紧联轴器螺钉，如附录图 13 所示。

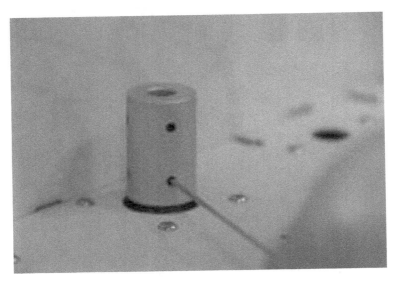

附录图 13　安装联轴器

（4）X-Y 轴

1）安装滚动轴承。将 8 个滚珠轴承压入框架顶部的轴承安装孔中，如附录图 14 所示。

附录图 14　安装滚轴轴承

2）安装轴承帽和轴承挡片。轴承帽是有孔的，安装在框架内侧；轴承挡片是无孔的，安装在框架外侧，如附录图 15 所示。为了便于后续 X-Y 轴杆的安装，部分轴承帽和轴承挡片只上一个螺钉即可。

附录图 15　安装轴承帽和轴承挡片

3）安装轴杆和滑块。

① 检查轴的长度是否正确，其中两根短轴属于 X 轴（左板到右板），另外两根长轴属于 Y 轴（前板到后板）。

② 如附录图 16 所示，把一个同步轮套在从前板插入的轴上，并把同步带绕在同步轮上。

附录图 16　安装轴杆

③ 把前滑块套在轴上，带文字的一面正对机器的左边，然后将另一个同步轮套在轴上，并绕上同步带，如附录图 17 所示。

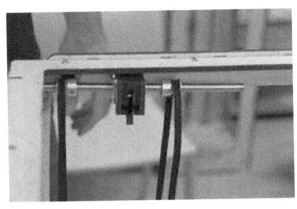

附录图 17　安装滑块与另一个同步轮

④ 把轴的一端插入面板上的滚动轴承里，随后用螺栓固定轴承帽，如附录图 18 所示。

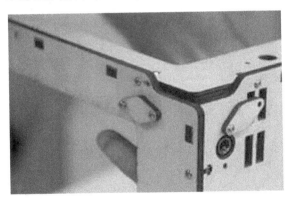

附录图 18　固定轴承帽

⑤ 将对面轴上的同步带放在新的同步轮上，继续插入另外一根短轴，如附录图 19 所示。

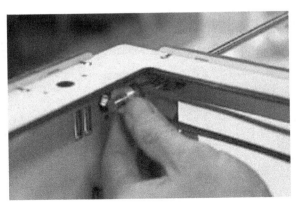

附录图 19　安装另一根短轴

⑥ 把后滑块套在轴上，使文字正对机器的右边，并把对面轴上的第二根同步带搭在刚套在轴上的同步轮上，如附录图 20 所示。

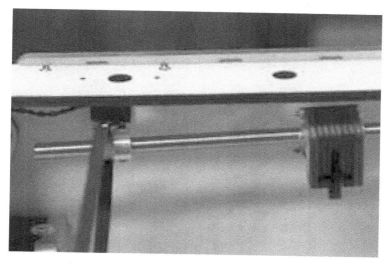

附录图 20　安装 BACK 滑块与同步轮

⑦ 按照前一个同步轮的方向继续安装第三个同步轮，并确保第三个同步轮穿过电动机上的同步带，然后推进滚动轴承中，固定轴承帽，如附录图 21 所示。

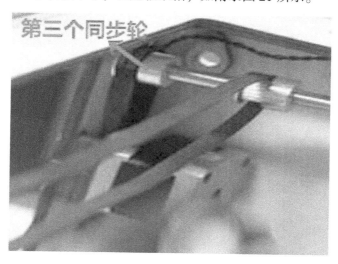

附录图 21　安装第三个同步轮

⑧ 安装 X 轴的步骤与安装 Y 轴相似，这里不再赘述。

⑨ X-Y 轴安装完毕后，将同步带夹在 4 个滑块上，如附录图 22 所示。

（5）挤出机

1）安装挤出机。

① 拿一个传送带紧固件安装在左轴滑块上，不要拧紧螺钉。

② 将两根 6mm 的轴杆分别从左到右、从前往后穿过挤出机，如附录图 23 所示。把两

根轴杆的两端分别插入滑块中，如附录图 24 所示。

附录图 22　同步带夹在滑块上

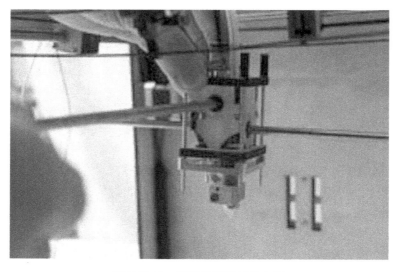

附录图 23　两根轴杆穿过挤出机

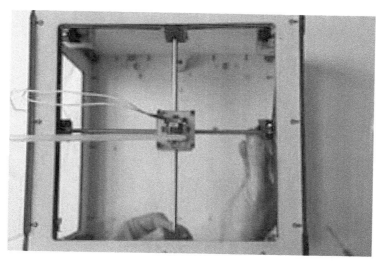

附录图 24　两根轴杆的两端分别插入滑块中

③ 先通过同步带调整滑块，使它们位置对齐，然后拧紧螺钉。

2）调整 X-Y 轴位置。

① 松开同步轮上的 8 个螺钉，然后调整 X-Y 轴的垂直度，并再次拧紧螺钉。

② 把挤出机分别滑向限位开关的一端，确保能听到限位开关的滴答声。如果听不到，则调整限位开关直到能听到为止。

（6）Z 轴平台

1）将一根 12mm 的轴杆从顶板插入到底板上放置的 Z 轴平台的线性轴承中，如附录图 25 所示。

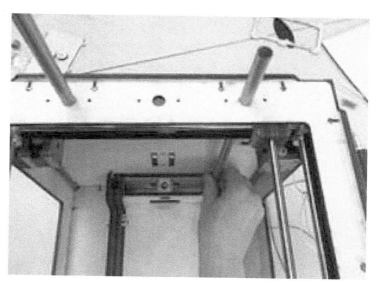

附录图 25　安装 Z 轴平台

2）将 Z 轴平台抬高，把轴承轻轻推入底部洞中，并同样安装另一根 12mm 的轴杆。

3）将 M8 螺纹杆从顶板放入，不停旋转直至达到 Z 轴平台螺帽底部，然后将它与联轴器用螺钉拧紧固定，如附录图 26 所示。

附录图 26　固定螺纹杆与联轴器

（7）送料机

1）将送料机用螺栓安装固定在后板右上方。

2）送料管一端插入送料机，另一端插入挤出机。多头线缆一端连接挤出机，挤出机上的热电偶和加热块的线缆与送料管经缠绕管固定在一起，经线缆孔送至底板。送料机安装完成后的效果如附录图 27 所示。

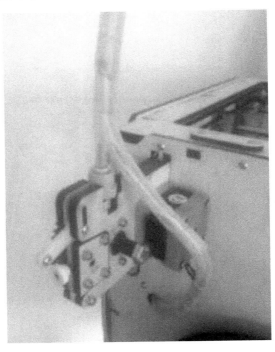

附录图 27　送料机安装完成后的效果

（8）电子器件

1）安装电源与风扇。

① 将稳压电源放置于底板的指示位置，并用螺钉固定。

② 将风扇放置于底板的指示位置，并用加尼龙柱的 30mmM3 螺钉固定。安装完成后的效果如附录图 28 所示。

附录图 28　电源与风扇安装完成后的效果

2）安装电路板。

① 从底板上的电路板安装孔插入 30mm 螺钉，并穿上管状垫片。

② 将电路板安装孔穿过螺钉，并拧紧螺纹垫片固定。

③ 电路板供电线与电源连接，注意正负极的对应关系。

④ 3D 打印机插头安装孔装入外接电源插头，使用螺钉固定。外接电源插头另一端线路接至电源的输入端，注意两者正负极的对应关系。

电路板安装完成后效果如附录图 29 所示。

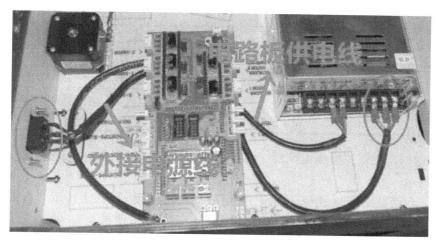

附录图 29　电路板安装完成后的效果

3）电路板端口连接

① 电路板如附录图 30 所示，相应端口定义见附录表 1。

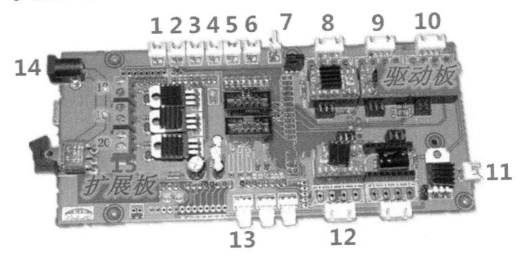

附录图 30　电路板

附录表 1　电路板端口定义

扩展板端口号	打印机连接端口
1	限位开关 1
2	限位开关 2
3	限位开关 3
4	限位开关 4
5	限位开关 5
6	限位开关 6
7	挤出头风扇连接端口
8	X 电动机连接端口
9	Y 电动机连接端口
10	Z 电动机连接端口
11	风扇连接端口
12	送料机电动机连接端口
13	温度传感器（热电偶）连接端口
14	低压供电电源连接端口

② 根据端口定义，连接线缆端口。线缆连接结束后，使用线夹适当地固定打印机和底板上的线缆即可。

至此，一台组装结束的 3D 打印机出现在用户面前，如附录图 31 所示。有了这台 3D 打印机，距离 3D 打印模型的梦想只差最后一项工作——校准打印机。

附录图31　组装结束的3D打印机

2. 校准打印机

校准打印机的目的是让打印机能够正常工作，保证打印机的打印精度，得到精美的打印作品。校准打印机的操作步骤如下：

1）检测运动部件。首先，用户需要接通3D打印机电源，让打印机运行起来；然后，通过打印机控制面板或连接到计算机上的打印控制软件实现XYZ轴方向的移动，检测每个轴的运动是否平稳，确定打印机能够正常运动；最后，在检测每个轴向运动的情况下，用手碰触限位开关，顺便测试限位开关的连接是否正确、能否正常工作。

2）检查加热部件。桌面级3D打印机是将挤出机中的打印耗材加热成热熔丝状再进行打印的，那么挤出机能否被加热，出丝是否顺畅关系到打印机能否正常工作。在打印机控制面板上选择进料命令，此时打印机的加热棒会加热加热块，并且用户可以从LCD显示屏上看到温度的变化，当达到设定温度时，可以检查出丝是否顺畅。如果一切顺利，则用户会看到挤出的热熔丝竖直地"流"下来。如果LCD显示屏上的温度没有升高，则需要检查一下加热组件的连线情况。

3）调整打印软件参数。打印机正常工作需要打印软件生成的打印路径，即对STL模型进行切片处理转成的GCode代码。同时要熟悉与打印机相关的一些必要的参数，如喷嘴直径大小、打印耗材直径、打印速度、填充度及填充方式等。用户需要不断地通过实践去摸索适合自己的打印机的最佳参数，并熟练掌握打印软件的使用与参数调整，最佳的参数设置直接关系到模型打印质量的好坏。

附录图32所示为JoysMaker-R2打印机打印完成的猫头鹰模型。附录图33所示为猫头鹰模型细节。

附录图 32　猫头鹰模型（图片来源：乐享 3D)

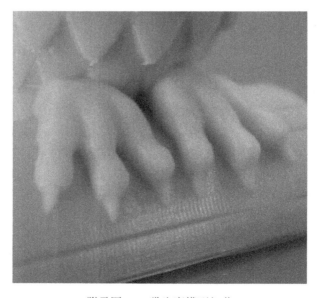

附录图 33　猫头鹰模型细节

参 考 文 献

[1] 王文涛，刘燕华．3D 打印制造技术发展趋势及对我国结构转型的影响［J］．科技管理研究，2014，34 (6)：22-25.

[2] 韩霞，杨思源．快速成型技术与应用［M］．北京：机械工业出版社，2012.

[3] 李青，王青．3D 打印：一种新兴的学习技术［J］．远程教育杂志，2013，4 (4)：29-35.

[4] 江洪，康学萍．3D 打印技术的发展分析［J］．新材料产业，2013 (10)：30-35.

[5] 郭日阳．3D 打印技术及产业前景［J］．自动化仪表，2015，3 (36)：2-8.

[6] 李小丽，马剑雄，李萍，等．3D 打印技术及应用趋势［J］．自动化仪表，2014，35 (1)：1-5.

[7] 王运赣．快速模具制造及其应用［M］．武汉：华中科技大学出版社，2003.

[8] 51SHAPE．会"运动"的工程塑料［EB/OL］．3D 科学谷，2015 ［2017 – 7 – 13］．http：// www. 51shape. com/？p = 4615.

[9] 赵云龙．先进制造技术［M］．西安：西安电子科技大学出版社，2006.

[10] 朱林，温全明，石光林．应用光固化工艺快速制造液力变矩器泵轮［J］．工程机械，2012 (43)： 49-54.

[11] 张健，芮延年，陈洁．基于 LOM 的快速成型及其在产品开发中的应用［J］．苏州大学学报，2008 (28)：38-40.

[12] Rombouts M, Maes G, Hendrix W, Delarbre E, Motmans F. InSurface finish after laser metal deposition ［J］. Physics Procedia, 2013 (41)：803-807.

[13] 科技新闻编辑．常见的快速成型技术［EB/OL］．材料人，2015 ［2017-7-13］．http：// www. cailiaoren. com/article-3352-1. html.

[14] 逍遥小妖．3D 打印：给设计师插上创意翅膀［EB/OL］．创见，2013 ［2017-7-13］．http：// tech2ipo. com/61556.

[15] 3D 打印技术必将引爆珠宝市场［EB/OL］．3D 打印在线，2015 ［2017-7-13］．http：// www. 3d2013. com/.

[16] 36Kr［EB/OL］．36 氪，［2017-7-13］．http：//36kr. com/.

[17] 2014 年中国 3D 打印产业市场发展前景浅析［DB/OL］．前瞻网，2014 ［2017-7-13］，http：// bg. qianzhan. com/report/detail/300/140728-18a9d0eb. html.

[18] Shen J. Material system for use in Three-dimensional printing：US Patent, NO. 7049363 ［P］. 2006.

[19] 全球 3D 打印趋势报告［EB/OL］．3DHube, 2016 ［2017-7-13］．https：//www. 3dhubs. com/.

[20] Bredt J F, Anderson T C. Three-dimensional printing materials system：US Patent, No. 6416850 ［P］. 2002.

[21] Sachs E M, Cima M J, Caradonna M A, et al. Jetting layers of powder and the formation of fine powder beds thereby：US Pantent, NO. 6596224 ［P］. 2003.

[22] Brian Evans. 解析 3D 打印机［M］．程晨，译．北京：机械工业出版社，2014.

[23] 吴怀宇．3D 打印三维智能数字化创造［M］．北京：电子工业出版社，2014.

[24] 3D 打印做设计时需要清楚的几点［EB/OL］．3d print service，［2017-7-13］．http：//www. 3d-print. cn/ tutorials/design_ rules_ 3d_ printing.

[25] Make. 3D 打印机打印模型的十大技巧［EB/OL］．天工社，2014 ［2017-7-13］．http：//maker8. com/ article-567-1. html.

[26] 北京兆迪科技有限公司．Creo 2. 0 快速入门教程［M］．北京：机械工业出版社，2012.

[27] 王霄，刘会霞．CATIA 逆向工程使用教程［M］．北京：化学工业出版社，2006.

［28］彭燕军，王霜，彭小欧 . UG、Imageware 在逆向工程三维模型重构中的应用研究［J］. 机械设计与制造，2011（5）：85-87.

［29］逆向工程软件［EB/OL］. 好搜百科，［2017-7-13］. http：//baike. haosou. com/doc/3052159-3217437. html.

［30］王霄 . 逆向工程技术及其应用［M］. 北京：化学工业出版社，2004.

［31］成思源，谢韶旺 . Geomagic Studio 逆向工程技术及应用［M］. 北京：清华大学出版社，2010.

［32］王娇，刘洋，张晓玲，等 . Mimics 软件在医学图像三维重建中的应用［J］. 医疗卫生装备，2015，36（2）：115-118.

［33］苏秀云，刘蜀彬 . Mimics 软件临床应用——计算机辅助外科入门技术［M］. 北京：人民军医出版社，2011.